警用大数据

空间地理信息

技术规范与应用研究

周 凯 彭 京 葛 城／著

U0264736

电子科技大学出版社

University of Electronic Science and Technology of China Press

·成都·

图书在版编目（CIP）数据

警用大数据空间地理信息技术规范与应用研究 / 周凯，彭京，葛城著. -- 成都：电子科技大学出版社，2021.2

ISBN 978-7-5647-8722-6

Ⅰ. ①警… Ⅱ. ①周… ②彭… ③葛… Ⅲ. ①地理信息系统－研究 Ⅳ. ①P208.2

中国版本图书馆 CIP 数据核字（2021）第 012583 号

警用大数据空间地理信息技术规范与应用研究
JINGYONG DASHUJU KONGJIAN DILI XINXI JISHU GUIFAN YU YINGYONG YANJIU

周 凯 彭 京 葛 城 著

策划编辑　谢忠明　高小红
责任编辑　高小红

出版发行　电子科技大学出版社
　　　　　成都市一环路东一段159号电子信息产业大厦九楼　邮编　610051
主　　页　www.uestcp.com.cn
服务电话　028-83203399
邮购电话　028-83201495

印　　刷　成都市火炬印务有限公司
成品尺寸　185mm×260mm
印　　张　13.5
字　　数　340千字
版　　次　2021年2月第1版
印　　次　2021年2月第1次印刷
书　　号　ISBN 978-7-5647-8722-6
定　　价　68.00元

在习近平新时代中国特色社会主义思想指引下，以公安部警用地理信息系统建设相关要求为基础，我们结合四川大数据、警用地理信息多个相关系统建设与应用的实践经验，在四川省科技计划重点研发项目支撑下，开展警用大数据空间地理信息技术规范凝练总结工作。这是对警用大数据空间地理信息就技术规范与应用进行的深入研究，是从二维地图到三维地图、传统地图到实景地图等多维度警用地图建设、PGIS基础数据智能更新、PGIS多维架构体系建设与升级、PGIS应用拓展等方面进行全面探索。

空间地理信息技术不仅承担了各类数据资源可视化展示、业务数据一张图集成的公共基础设施功能，而且还是深度开展公安时空数据挖掘分析、智能指挥调度、提升实战不可或缺的载体，在公安大数据的建设、智能化应用中具有不可替代的重要作用。空间地理信息作为专业性较强的数据服务资源，与其他数据服务资源相比，具有鲜明的二、三维时空特征，在空间地理数据接入、存储、应用、管理，以及时空服务的接入、发布、管理等方面具有很大的差异。因此，在公安信息化建设整体框架下，为了适应大数据、云计算、人工智能、物联网等新技术的快速发展及公安应用需求，需要对警用空间地理信息与应用服务标准规范进行扩展和完善，实现空间数据和应用服务的标准化，适配云化升级改造以及硬件环境国产化，指导相关部门有序开展建设工作，最终实现地理信息互联互通和共享交换。

警用大数据空间地理信息技术规范和应用的研究目标是：按照信息化建设顶层设计思路，紧紧围绕各级公安机关业务部门在警用地理信息应用中的核心业务需求，建立警用地理空间信息与应用标准规范，并使之成为公安大数据标准体系的有机组成部分，切实为警用地理信息建设和应用工作提供技术指导与参考，实现省、市（州）级公安机关警用空间地理信息建设的标准、规范和统一。

警用空间地理信息技术标准规范遵照的信息系统建设原则如下。

1. 统一标准与开放性原则

警用空间地理信息技术标准严格遵循公安大数据系列标准，保证系统的建设在统一框架下进行，实现系统总体架构的统一性。在面对具有地方特色的系统建设模式与数据模式时，又应该保证一定的标准性和开放性，将系统的接口和数据实现标准化建设，支持标准协议，做到平台无关性，同时又能够衔接不同的建设单位。系统要能够对外进行接口开发，方便其他应用进行调用。

2. 分层解耦与模块化原则

本书重点考虑对于公安大数据建设和应用需求，研究如何提供有效的地理信息服务支撑，对具体应用功能不做细化要求。依据分层解耦的原则，采用微服务化和模块化的建设思路，细粒度划分各类服务，定义各服务需具备的标准接口，对具体实现方式不做限定，实现空间地理信息与公安大数据在各个层面的无缝对接，使之能够灵活适应不同业务需求和不同的建设模式，进一步激活警用地理信息行业活力。模块的设计要力求简单、规范，模块间的联系也要尽可能简单。

3. 安全性与稳定性原则

公安工作对安全性要求很高，除一般公安数据和应用外，还有一些重要的数据和应用，在系统构建过程中要体现安全管理的要求——做到数据隔离、严格授权、应用监控，同时还要保证一般公安业务对数据共享、互通的开放性要求。

稳定性也是信息系统建设过程中所必须考虑的因素。安全的环境与稳定的性能，才能充分保证警用信息系统的推广应用，否则将严重影响日常业务处理。因此，在系统设计和部署中要充分考虑系统的安全性与稳定性兼备的问题。

4. 面向实战与适度创新原则

本书以公安大数据的建设、开发和应用为导向，以警务实战工作为基础，结合地理信息产生的新技术、新风向，综合考虑警用地理信息标准的规划和编制。标准要针对公安业务应用过程中对空间地理信息的共性问题给予明确的规范和指导，对基础地理信息相关技术标准，尽量引用和参照现有国家标准和行业标准，不再重复制定，着重制定现有标准不能完全覆盖部分。针对日新月异的新技术、新方法，如公安视频、物联网、人工智能等，又要适当引入新的空间地理信息技术，避免标准与实际技术之间的脱节，导致无法引导和支持公安主流业务。

5. 实用性与可扩展性原则

本书既注重标准体系分类的科学性、合理性，又面向需求，有的放矢，注重与现行标准的相互衔接。考虑公安信息化建设的发展对标准提出的更新、扩展和延伸的要求，应能随着公安技术、信息技术的发展和相关国际标准、国家标准、行业标准的不断完善，以及我国地理信息产业化的推进而不断充实、调整和完善。

警用空间地理信息技术标准规范的建设是在一定程度上对公安大数据规范的补充和完善，不仅有利于推动全国范围内的警用地理信息数据的互联互通和资源共享，也有利于促进各地警用空间地理信息应用建设的可持续发展，同时还是对公安大数据建设的进一步优化完善和补充。

警用空间地理信息技术标准规范一共包括三个部分：一是警用大数据空间地理信息技术规范要求，二是PGIS多维平台技术要求，三是PGIS应用拓展技术介绍。

在本书写作过程中，四川大学王俊峰教授自始至终给予了极大的指导和帮助，耗费了大量的精力，在此表示由衷的感谢；四川大学计算机学院高展、唐彰国博士，公安部科信局李红明、苗红杰，四川省公安科研中心吴志强、张海超、廖家伟、张洁，以及四川省科技计划重点研发项目协作单位刘力、解岩、王子龙、钟波均给予了很大的帮助，在此一并表示衷心的感谢。

目 录
MULU

空间地理信息技术规范与应用研究

第二部分 PGIS多维平台技术要求

9.5 质量控制要求 ······ 64
9.6 地图质量要求 ······ 65
9.6.1 数据属性及入库 ······ 65
9.6.2 数据精度要求 ······ 65
9.6.3 更新频率要求 ······ 65

第10章 警用空间数据服务技术要求 ······ 66

10.1 图层共享服务 ······ 66
10.2 空间分析服务 ······ 66
10.3 动态识别服务 ······ 67
10.4 动态轨迹服务 ······ 67
10.5 辖区定位服务 ······ 68
10.6 静态轨迹服务 ······ 68
10.7 全文检索服务 ······ 68
10.8 标准地址匹配服务 ······ 69
10.9 动态热力图服务 ······ 69
10.10 层户结构服务 ······ 70

第11章 模型建设要求 ······ 71

11.1 缓冲区分析 ······ 71
11.2 空间网络分析 ······ 71
11.3 空间叠加分析 ······ 72
11.4 空间聚类分析 ······ 72
11.5 空间查询 ······ 73

第三部分 PGIS应用拓展技术介绍

第12章 PGIS开发者中心通用技术介绍 ······ 75

12.1 范围 ······ 75
12.2 概述 ······ 75
12.3 系统架构和功能组成 ······ 76
12.4 系统功能要求 ······ 76
12.4.1 开发者中心首页 ······ 76
12.4.2 开发支持 ······ 76
12.4.3 应用范例 ······ 77

第一部分

警用大数据空间地理信息技术规范要求

第 1 章

警用基础地图选用技术要求

1.1 适用范围

本文规定了警用地理信息系统各类地图数据（包括矢量基础数据、影像数据、瓦片地图、三维数据、街景数据、室内地图、视频地图、导航电子地图）的坐标系与比例尺等选用原则及相关技术要求。

1.2 数据选用的基本原则

我们按下述基本原则选用相应的基础地图数据。

（1）根据各省实际情况，选择符合各自应用需求的相应基础地图。

（2）基础地图数据应来自各级测绘（或规划、国土等）部门，或来自具有测绘部门颁发的相关测绘资质的数据生产企业。

（3）选择符合国家基本比例尺和坐标系基本要求的数据。

（4）基础地图应符合国家或测绘行业相关标准。

1.3 规范性引用文件

GB/T 12979—2008《近景摄影测量规范》。

GB/T 17941—2008《数字测绘成果质量要求》。

GB/T 24356—2009《测绘成果质量检查与验收》。

GB/T 18314—2009《全球定位系统（GPS）测量规范》。

GB/T 12898—2009《国家三、四等水准测量规范》。

GB/T 12897—2006《国家一、二等水准测量规范》。

GB/T 18316—2008《数字测绘产品检查验收规定和质量评定标准信息》。

GB/T 17941—2008《数字测绘成果质量要求》。

CH/Z 3001—2010《无人机航测安全作业基本要求》。

GB/T27920.1—2011《数字航空摄影规范第1部分：框幅式数字航空摄影技术规定》。

GB/T27919—2011 《IMU/GPS辅助航空摄影技术规范》。

GB/T23236—2009 《数字航空摄影测量空中三角测量规范》。

GB/T19294—2003 《航空摄影技术设计规范》。

CJJ/T157—2010 《城市三维建模技术规范》。

GB/T 25108—2010 《三维CAD软件功能规范》。

CH/T 9015—2012 《三维地理信息模型数据产品规范》。

GB/T 13923—2006 《基础地理信息要素分类与代码》。

GB/T 15967—2008 《1：500 1：1 000 1：2 000 地形图航空摄影测量数字化测图规范》。

GB/T 13990—2012 《1：5 000 1：10 000 地形图航空摄影测量内业规范》。

GB/T 13977—2012 《1：5 000 1：10 000 地形图航空摄影测量外业规范》。

GB/T 23236—2009 《数字航空摄影测量空中三角测量规范》。

GB/T 7931—2008 《1：500 1：1 000 1：2 000 地形图航空摄影测量外业规范》。

GB/T 7930—2008 《1：500 1：1 000 1：2 000 地形图航空摄影测量内业规范》。

CH/Z 1002—2009 《可量测实景影像》。

GB/T 35628—2017 《实景地图数据产品》。

GB/T 20268—2006 《车载导航地理数据采集处理技术规程》。

GB/T 20267—2006 《车载导航电子地图产品规范》。

CH/T 1029.2—2013 《航空摄影成果质量检验技术规程第2部分：框幅式数字航空摄影》。

CH/Z 3005—2010 《低空数字航空摄影规范》。

CH/T 3021—2018 《倾斜数字航空摄影技术规程》。

CH/T 3012—2014 《数字表面模型航空摄影测量生产技术规程》。

CH/T 3006—2011 《数字航空摄影测量控制测量规范》。

CH/Z 3003—2010 《低空数字航空摄影测量内业规范》。

CH/Z 3004—2010 《低空数字航空摄影测量外业规范》。

1.4　术语和定义

1. 矢量地图

用地图要素编码、属性、位置、名称及相互之间拓扑关系等信息来表示地理要素的数据集合称为数字矢量地图（Digital Vector Map），又称数字线划图DLG（Digital Line Graphic）。

数字矢量地图含有测量控制点、居民地、交通、水系、境界、管线、水文、地貌土质、植被等方面的信息，具有特定的数据组织形式和结构。常见的数字矢量地图有ESRI的EOO格式、MapInfo的MIF格式、MapGIS格式等。除了编码和属性信息外，这些格式都是将地理空间信息或地图内容按要素层组织，然后在每一层中再按地理实体图形特征分为点目标、线目标和面目标，分别用点、线段和多边形与之对应。

2. 影像地图

影像地图是指一种带有地面遥感影像的地图，是利用航空相片或卫星遥感影像，通过几何纠正、投影变换和比例尺归一化，运用一定的地图符号、注记，直接反映制图对象地理特征及空间分布的地图。

3. 瓦片地图

瓦片地图金字塔模型是一种多分辨率层次模型，从瓦片金字塔的底层到顶层，分辨率越来越低，但表示的地理范围不变。先确定地图服务平台所要提供的缩放级别的数量N，把缩放级别最高、地图比例尺最大的地图图片作为金字塔的底层，即第0层，并对其进行分块，从地图图片的左上角开始，从左至右、从上到下进行切割，分割成相同大小（比如256×256像素）的正方形地图瓦片，形成第0层瓦片矩阵；在第0层地图图片的基础上，按每2×2像素合成为一个像素的方法生成第1层地图图片，并对其进行分块，分割成与下一层相同大小的正方形地图瓦片，形成第1层瓦片矩阵；采用同样的方法生成第2层瓦片矩阵……以此类推，直到第N−1层，构成整个瓦片金字塔。

4. 三维地图

三维地图主要分数字地形模型、倾斜三维模型、室内三维模型、BIM模型。

（1）数字地形模型（DTM）：主要用于描述地面起伏状况，可以用于提取各种地形参数，如坡度、坡向、粗糙度等，并进行通视分析、流域结构生成等应用分析。数字高程模型（DEM）可以有多种表达方法，包括网格、等高线、三角网等。

（2）倾斜三维模型：通过从一个垂直、四个倾斜这五个不同的视角同步采集影像，获取丰富的建筑物顶面及侧面的高分辨率纹理。它不仅能够真实地反映地物情况，还可通过先进的定位、融合、建模等技术，生成真实的三维模型。倾斜三维模型的内容主要包含地形、建筑、交通、水系、场地、管线及地下空间设施、辅助设施及美化设施等要素。倾斜三维模型根据其处理精度和建筑处理层次可分为面片化模型和单体化模型；根据其采集传感器的不同，分为倾斜摄影三维模型和机载激光雷达三维模型。

（3）室内三维模型：包括传统室内三维建模（如3DMax、Sketch Up等），激光建模和室内全景建模。传统室内三维建模即通过人为干预方式进行室内三维环境展示，该种展示具有一定代表性，但不是完全对真实环境模拟；激光建模主要通过运用带有激光的设备进行数据建模，该模型可以真实模拟现场环境，但通常不带纹理信息；室内全景建模主要是通过镜头的方式获取室内纹理信息，用专业软件生成全景图层并进行展示。

（4）BIM（Building Information Modeling）模型：通过建立虚拟的建筑工程三维模型，利用数字化技术，为模型提供完整的、与实际情况一致的建筑工程信息库。该信息库不仅包含描述建筑物构件的几何信息、专业属性及状态信息，还包含了非构件对象（如空间、运动行为）的状态信息。

5. 街景地图

街景是一种通过街景车或单兵设备拍摄街道两旁360°的照片，生成城市、街道或其他环境的360°全景图像的技术。

6. 室内地图

室内地图一般指大型室内建筑的内部结构，如大型商场、机场、火车站等。可通过室内导览功能，将室内位置信息进行展示，并且叠加 POI 点，结合室外三维地图，可实现室内外一体化三维模型，为公安消防、反恐、应急救援、安保等提供便利。

7. 视频地图

视频地图是将视频图像和地理坐标标定参数匹配，获得视频图像像素坐标和地理坐标转换关系，使得原本只能看的视频图像加上了空间轴线，进而使每个摄像头拍摄的视频图像变成一个带有时间维度和空间维度的现实地图。

8. 导航电子地图

含有空间位置地理坐标，能够与空间定位系统结合，准确引导人或交通工具从出发地到达目的地的电子地图及数据集。

1.5 矢量地图

1.5.1 数据格式

支持 SHP、GDB、MDB 等格式的数据。

1.5.2 坐标系

依据国家测绘法和公安部 PGIS 规定，采用 2000 国家大地坐标（China Geodefil Coordinate System 2000，CGCS2000）。

1.5.3 比例尺及分辨率

数据建设应积极探索通过政府部门间空间信息资源共建共享合作、向专业地图数据生产厂商购买数据或数据服务、引入公安科研院所有偿地图服务等方式，拓宽 PGIS 平台地图数据获取渠道，建立 PGIS 平台长效数据更新机制，确保地图鲜活，能满足实战应用需求。

部省市三级 PGIS 平台数据更新任务分工如下。

（1）部级地图数据更新任务：全国 1：250 000～1：50 000 矢量电子地图数据；统一采购全国导航电子地图数据更新服务（2 次/年），向全国免费提供导航电子地图数据访问与查询接口，并向各省免费提供本省 POI 数据的下载。

（2）省级地图数据更新任务：全省 1：10 000 矢量电子地图数据。有条件的省也可以探索统一共享获取或采购数据服务等方式，依托省厅云计算环境向全省统一提供全省高分辨率影像和各类大比例尺矢量电子地图基础服务。

（3）地市级地图数据更新任务：全市 1：5000，建成区 1：2000～1：500 矢量电子地图数据。

1.5.4 几何质量要求

（1）多边形、面状区域必须闭合；需连通的地物应保持连通；各面状要素之间的关系应正确，无相交、露白等现象。

（2）线状要素的结点匹配应正确，有方向性的要素方向应正确，线段无自相交、奇异点情况，线段相交时应无悬挂或过头现象。

（3）道路应有中心线；同一条道路线本身应完整，不应断开；道路线不应有穿越建筑物情况；道路应在属性字段中明确标识等级；道路交叉节点应有交叉道路名称属性信息。

1.5.5　平面位置精度要求

平面位置精度应满足表 1-5-1 要求。

表 1-5-1　不同比例尺矢量基础电子地图平面位置精度要求

矢量电子地图比例尺	城市、丘陵地区平面位置精度要求（米）	山地、高山平面位置精度要求（米）
1∶500	0.25	0.375
1∶1000	0.50	0.75
1∶2000	1.00	1.50
1∶5000	2.50	3.75
1∶10 000	5.00	7.50

1.5.6　数据分幅要求

矢量数据所有图层为拼接后的整幅数据。

1.5.7　数据分层要求

（1）点、线、面数据应分层存放，且同一个图层中只存放同一类别的图元要素。

（2）数据的分层与组织应正确，无重复和遗漏现象。

（3）基础地理信息数据应按 GB/T 13923 或测绘行业标准的分类代码进行分层组织和编码。

（4）图形数据与属性数据的关联应正确，不应出现无代码或属性不全无法分类的空间数据。

1.5.8　属性信息要求

（1）矢量数据各图层应有对应的属性文件，属性项齐全且定义准确，中文属性说明应完整。

（2）数据必须包含对应的数据字典。

（3）属性分类与代码应符合 GA/T 491—2004《城市警用地理信息分类与代码》要求，或能实现与 GA/491—2004 的一一对应关联。

（4）属性数据结构应符合 GA/T 532—2005《城市警用地理信息数据分层及命名规则》。

（5）属性值应满足相应逻辑规则规定，不应出现异常值。

（6）数据的关键属性字段值不应为空。

（7）空间数据各图层属性表中应有数据更新时间字段，明确注明各地物要素采集或更新时间。

1.6 影像地图

1.6.1 数据格式

支持 GeoTIF 或 IMG 等行业通用影像数据格式。

1.6.2 坐标系

依据国家测绘法和公安部 PGIS 规定，采用 2000 国家大地坐标。

1.6.3 比例尺及分辨率

部、省、市三级 PGIS 平台数据更新任务分工如下。

（1）部级地图数据更新任务：全国 30 米、15 米、2.5 米分辨率影像数据。

（2）省级地图数据更新任务：全省 0.61～0.2 米分辨率影像数据，有条件的省也可以探索统一共享获取或采购数据服务等方式；依托省厅云计算环境向全省统一提供高分辨率影像和各类大比例尺矢量电子地图基础服务。

（3）地市级地图数据更新任务：全市 0.5～0.05 米分辨率影像数据。

1.6.4 分幅要求

应为整幅影像或标准分幅影像，分幅数据必须保证拼接完整、无偏移、无缝隙。

1.6.5 质量要求

（1）影像纹理清晰、层次丰富、色调均匀、无白缝。

（2）影像无明显拼接痕迹：部级地图拼接错位不能超过一个像元，省级地图和地市级地图拼接错位不能大于两个像元。

（3）影像数据含云量不得大于该幅影像的 10%，且云层覆盖区域不得遮盖城区及郊区的重要区域，航摄影像数据不得含有云雾干扰。

（4）影像数据必须经过正射校正。

1.7　三维地图

1.7.1　数据分类及内容

1. 倾斜三维模型

倾斜三维模型内容主要包含地形、建筑、交通、水系、场地、管线及地下空间设施、辅助设施及美化设施等要素。

倾斜三维模型根据其处理精度和建筑处理层次可分为面片化模型和单体化模型，根据其采集传感器的不同，分为倾斜摄影三维模型和机载激光雷达三维模型。

2. 激光点云三维模型

激光点云三维模型属于倾斜三维模型的一种，因其数据格式的差异，本书予以区分。激光点云三维模型是通过三维激光扫描仪的方式获取地物的三维点云数据，可以真实反映地物的外部结构信息，内容主要包括地形、建筑、轨道、场地、桥梁、水系、管道及地下空间设施、建筑辅助设施等要素。同时由于激光搭载的方式不同和获取点云密度不同，制作的效果会出现很大差异。

激光三维模型根据其扫描精度和处理精度的不同，在三维模型展示细腻程度上也会有很大不同。根据其获取方式的不同，可以分为机载、车载、地面和手持。

3. 传统三维建模与 BIM 模型

BIM 的模型是一个可视化的建筑数据库，不仅仅指几种简单的软件，同时是指一种标准，是指对整个建筑项目的生命周期的支持。BIM 核心建模软件一般通过构件建模，通常以族文件的形式组合成目标模型，一些复杂的形体可以通过体量的方式完成，类似搭积木，更简单、成熟。

传统三维建模通常使用 3DMAX、Maya、犀牛、AutoCAD 和 Revit、Bentley、ArchiCAD 等建模软件。它基于影像数据、CAD 平面图或者拍摄图片估算建筑物轮廓与高度等信息进行人工建模。这种方式制作出的模型数据，纹理与实际效果存在一定的失真；并且由于生产过程需要大量的人工参与，导致数据制作周期较长，造成数据的时效性较低。但人工建模可以解决部分由于飞行器无法飞行采集区域的数据建模问题。

传统建模内容主要包括地形模型数据、要素模型数据和元数据三部分。其中，要素模型数据可细分为建筑要素模型、交通要素模型、水系要素模型、植被要素模型、场地模型、管线及地下空间设施要素模型以及其他要素模型 7 大类（详细分类见 CH/T 9015—2012《三维地理信息模型数据产品规范》）。除地形模型外，要素模型数据可根据表现的精细程度分为细节建模、主体建模和符号表现。细节建模表现：对地理要素主体结构、细部结构进行精细几何建模表现，外立面纹理采用能够精确反映物体色调、饱和度、明暗度等特征的影像。主体建模表现：仅对地理要素的基本轮廓和外部结构进行几何建模表现，植被、栅栏栏杆等模型仅用单面片、十字面片或多面片的方式表示，外立面采用能够基本反映地物色调、细节特征结构的影像。符号表现：用三维模型符号库中预先制作的符号来表现地理要素，该模型符号仅有位置、姿态、尺寸及长、宽、高比例可以改变。

1.7.2　数据格式

（1）倾斜三维模型：应兼容行业主流数据格式，包括支持OSGB倾斜摄影、DEM高程、BIM模型以及OBJ等数据格式。

（2）激光点云模型：应兼容行业主流数据格式，包括LAS/laz、XYZ、txt。数据在汇交时需包括点云数据、控制点数据和纹理数据。

（3）传统三维模型与BIM模型：应兼容行业主流数据格式，包括3DS、OBJ、DWG、DFX、txt格式，所有BIM数据必须符合IFC（Industry Foundation Classes）国际数据交换标准，数据在提交时必须包含相应文件。

OBJ：数据包含建模主体文件和贴图文件，如有相对应的地形文件则需一起提供。

3DS：建模主体文件和相对应的贴图文件，如有相对应的地形文件则需一起提供。

DWG、DFX：建模主体文件和相对应的贴图文件，如有相对应的地形文件则需一起提供。

1.7.3　坐标系统

空间参考系：采用国家大地2000坐标系。

高程基准：采用1985国家高程基准。

1.7.4　位置精度要求

平面位置精度与高程精度应符合CH/Z 3003—2010《低空数字航空摄影测量内业规范》和CH/T 9015—2012《三维地理信息模型数据产品规范》技术要求。

1.7.5　模型精度与纹理要求

模型要根据现状数据按照实际尺寸制作，场景模型的位置、朝向要与实际的地理位置保持一致。

1.7.5.1　倾斜三维模型

1. 模型逻辑正确性

（1）建模区域内的各模型对象应保持逻辑完整，不应出现模型不完整或区域性漏空的情况。

（2）模型保持体态正确，无错位现象。

（3）建筑、水面等模型无漏洞或黑洞。

（4）模型美观、立体，无明显蜡熔现象。

（5）模型应保持逻辑连通，避免悬浮。

2. 纹理正确性

（1）模型对象的纹理映射正确，无错误映射。

（2）模型对象的纹理无错位。

（3）模型对象展示效果良好，无明显纹理拉花扭曲现象。

3. 颜色与亮度

模型应美观，色彩丰富，亮度一致，整体协调，模型及场景不应出现突兀的明暗变化。

4. 时间精度

模型现势性应优于PGIS平台已建同类型数据。

5. 单体化模型

单体化模型精度及纹理要求按照传统模型要求执行。

1.7.5.2　激光点云模型

（1）建模区域内的各模型对象应保持逻辑完整，不应出现模型不完整或区域性漏空的情况。

（2）模型保持体态正确，无形变现象。

（3）建筑、水面、楼道、道路、轨道等模型无漏洞或中断现象。

（4）点云数据中心区域不能出现无点云现象。

（5）点云数据不能出现逻辑上的倾斜现象。

（6）点云数据不能出现映射错误。

（7）不得存在空中噪音。

（8）不得存在拼接差。

1.7.5.3　传统三维模型

1. 逻辑正确性要求

（1）建模区域内的各模型对象应保持逻辑完整，不应出现模型不完整或区域性漏空的情况。

（2）模型保持体态正确，无错位现象。

（3）建筑、水面等模型无漏洞或黑洞。

（4）模型美观、立体，无明显蜡熔现象。

（5）模型应保持逻辑连通，避免悬浮。

（6）地下建筑、管线模型应保证管线的尺寸正确、结构完整、逻辑封闭，并包含管线类型信息。

2. 纹理正确性要求

（1）模型对象的纹理映射正确，无错误映射。

（2）模型对象的纹理无错位。

（3）模型对象展示效果良好，无明显纹理拉花现象。

（4）模型在满足视觉效果的情况下，宜尽量减少模型的几何面数。

（5）模型的基底、立面轮廓结构与高度应准确，纹理拼接应过渡自然。

（6）纹理应对玻璃、大理石、铝塑板等材质的重要特征予以表达。

（7）模型以现状照片为准，结构合理。

（8）建筑模型基底应赋予真实高程值，并与具有真实高程的场景模型完全匹配吻合。

3.颜色与亮度要求

模型应美观，色彩丰富，亮度一致，整体协调，模型及场景不应出现突兀的明暗变化。

1.8　街景地图

1.8.1　数据格式

支持行业主流数据格式，包括 PNG、JPG 和 MDF 格式，数据在提交时必须包含相应文件。

（1）MDF：提交数据包含全景主体数据库文件和索引文件。

（2）提供数据时必须提供与照片——对应的点位信息、轨迹信息等元数据。

1.8.2　坐标系

依据国家测绘法和公安部 PGIS 规定，采用 2000 国家大地坐标。

1.8.3　成像要求

在 40 m 成像距离内分辨率不低于 2.5 cm。

1.8.4　精度要求

可量测街景影像的外方位位置元素平面位置精度优于 0.5 m，姿态精度优于 0.05°，影像上地物相对量测精度优于 1/100 m。

1.8.5　数据质量要求

（1）街景拍摄站点间距均匀，可采集的影像遗漏率小于 0.5%。

（2）成果数据应为单点数据或连续街景数据。

（3）成果数据反差适中、色调均匀；无曝光过度或曝光不足，无明显失真，无明显模糊，无明显污点。

（4）成果数据不能出现扭曲、拉花、错位、拉伸、拼接缝等现象。

（5）成果数据不能出现轨迹混乱、轨迹突然中断等现象。

（6）成果数据不能出现色彩异常值。

（7）间隔和数量：相邻两侧街景影像成像间隔应在 12 m 内。每一个成像位置的可量测街景影像的个数至少 4 个，即前视两个、左视一个、右视一个，前视影像与中心线夹角应小于 15°，左视、右视影像与中心线夹角应为 20°~45°。

（8）同步：每一个成像位置的多个可量测街景影像应同步拍摄，同步精度优于 1/1000 s。

1.9 室内地图

1.9.1 内容

室内地图一般指大型室内建筑的内部结构，如大型商场、机场、火车站等。可通过室内导览功能，将室内位置信息进行展示，并且叠加 POI 点，结合室外三维地图，可实现室内外一体化三维模型，为公安消防、反恐、应急救援、安保等提供便利。

室内地图表达的是各种室内要素，主要是人工地物，内容主要包含房间、廊道、楼梯、电梯、出入口、消防通道、POI 等要素。

1.9.2 数据格式

支持PNG、JPG等格式。

1.9.3 坐标系

依据国家测绘法和公安部PGIS规定，采用2000国家大地坐标。

1.9.4 精度要求

成图精度不低于1∶500，位置精度以遥感影像中目标建筑物的轮廓为基准，均匀分散的选取3个或3个以上控制点，同时在室内地图中找到对应的同位校准点，进行配准工作。

1.10 视频地图

1.10.1 内容

视频地图是将视频图像和地理坐标标定参数匹配，获得视频图像像素坐标和地理坐标转换关系，使得原本只能看的视频图像加上了空间轴线，进而使每个摄像头拍摄的视频图像变成一个带有时间维度和空间维度的现实地图。

1.10.2 坐标系

依据国家测绘法和公安部PGIS规定，空间化后的数据采用2000国家大地坐标。

1.10.3 延迟要求

实时视频地图画面延迟小于200 ms。

1.11 导航电子地图

含有空间位置地理坐标，能够与空间定位系统结合，准确引导人或交通工具从出发地到达目的地的电子地图或数据集。

1.11.1 数据格式

支持 SHP、GDB、MDB 格式的数据。

1.11.2 坐标系

依据国家测绘法和公安部 PGIS 规定，采用 2000 国家大地坐标。

1.11.3 导航数据的构成

导航电子地图数据由基础数据、显示背景类数据、信息索引类数据三部分组成。

（1）基础数据以道路及与其密切相关的要素为重点，基础道路数据及附属设施采集处理的内容，包括要素的几何信息、属性信息、拓扑关系信息等。

（2）显示背景类数据的主要包含背景水系、绿地、行政区划等信息以及背景线面关系等信息。

（3）信息索引类数据的主要包含 POI 数据相关信息、地址索引数据相关信息、邮编数据相关信息、交叉点索引数据相关信息等。

1.11.4 导航数据质量要求

（1）几何精度：城市区域交通网络类中要素的最大误差为 15 m，非城市区域交通网络类中要素的最大误差为 30 m。

（2）准确度：用于导航的交通网络类要素的拓扑连通性必须达到 100%。其他相关准确度信息（包括位置准确度、属性准确度、时间准确度、数据完整性）应在元数据中明确描述。

（3）更新周期：导航数据集应最大可能地保证现势性，更新周期应至少保证一年两次。

（4）多边形、面状区域必须闭合；各面状要素之间的关系应正确，无相交、露白等现象出现。

（5）导航数据的几何信息、属性信息、关系信息应保证完整性、正确性和一致性。

（6）导航道路属性信息应包含道路名称、等级、道路宽度、通行方向、通行条件限制信息、通行限速信息、道路标牌信息以及道路关系信息等。

（7）导航数据的几何信息采集与交通规则信息采集应符合 GB/T 20268—2006《车载导航地理数据采集处理技术规程》和 GB/T 20267—2006《车载导航电子地图产品规范》要求。

第 *2* 章

警用空间数据处理技术要求

2.1 适用范围

本要求规定了基础空间数据从数据获取、处理、配图到发布的整体数据处理流程基本要求和技术指标，适用于警用地理信息系统各类地图数据的处理和表达。

2.2 基础地图数据处理要求

2.2.1 基础数据获取

基础数据获取主要有三种方式：一是基于各级测绘机构的国家测绘成果进行复用；二是依托人工智能算法服务，依托影像数据进行自动化要素提取；三是根据各级单位需求进行定制化采购。数据获取的内容及几何空间要求见本书第1章"警用基础地图选用技术要求"。

2.2.2 数据可用性分析

基础地图数据因其在采集过程中采用的测绘标准不同，设备精度不同，采集方式不同，会导致不同来源的数据在位置精度、属性精度以及要素内容上存在差异，而基础数据作为其他业务数据关联的空间基础，应保证公安数据库中基础数据空间精度的一致性。对于获取到的数据，在使用前都应进行系统自动化的全面检测和人工抽检，检测的内容包括数据坐标系、覆盖区域检测、属性完整性、数据完整性、拓扑正确性以及空间位置偏差率。具体检测要求如下。

坐标系：CGCS2000坐标系。

空间位置偏差率：空间位置的平均偏差不得大于5米（实地距离），单个点位的偏差率不得大于20米/2点/平方公里（每平方公里范围内不得存在2个以上偏差率大于20米的点）。

拓扑正确性：不得存在图层级别的逻辑拓扑错误（如建筑图层的数据压盖在水系或道路上，或非路标 / 地质类的POI数据压盖在高速路面上）。不得存在与实际情况相悖的露白、叠盖、悬挂的几何拓扑错误。

属性完整性：必须包含名称、分类代码、坐标信息。其余属性要求各省可根据本地业务需求进行扩充。

数据完整性：基础地图数据的内容应符合GB/T 13923—2006《基础地理信息要素分类与代码》规范中对应比例尺下的数据内容。

覆盖区域：各省可根据本地业务需求制定对应的覆盖区域要求及合格阈值，但所有的检测都应经过系统的全面检测，并输出分析报告作为该批次数据入库的元数据。

2.2.3　代码转换

数据交换是指将多种来源的数据，在保留其原有代码的基础上，新增GBDM并统一按照GA/T 491—2004《城市警用地理信息分类与代码》的编码要求进行转换。支持测绘标准与GA/T 491—2004《城市警用地理信息分类与代码》标准的数据自动交换，并可扩展至其他标准。

2.2.4　数据清洗与校正

数据清洗是指发现并纠正数据中可识别的错误的最后一道程序，包括检查数据一致性，处理无效值和缺失值等。

警用空间数据清洗支持对冗余数据、坐标异常数据、坐标与代码不匹配的数据进行自动检查和标记。

数据校正是指几何校正。基于线性、非线性及三角网分块校正算法为主线将原始数字化坐标下的数据转化到配准的目标坐标，从而保证更新过程中数据位置精度的一致性。支持传统的空间数据校正方法，也支持地图匹配技术。

数据清洗校正后的内容与位置精度应符合对应比例尺下GB/T 13923—2006《基础地理信息要素分类与代码》的要求。

2.2.5　数据入库

对公安系统而言，业务数据往往具有数据海量、权属复杂、更新频率高的特点，基础地图数据具有空间属性、时间属性和关联属性，PGIS平台可以支持基于数据权属的注册和加密，实现数据的统一注册管理，以最小成本和最大效率的方式实现两类数据的入库管理和关联。公安数据保护级别分级与管理模式如图2-2-1所示。

大等级	小等级	分级	DOC			DRC	针对管理
			加密	可共享	可公开	可管理	
保护级	重点保护级 (内部自行管理)	5	是	否	否	否	不能管
	一般保护级 (自用,内部使用)	4	是	否	否	是	可管理即 需要注册
共享级	可共享级 (以保护为主,小范围)	3	是	是	否	是	
	可公开级 (以获益为主,大范围)	2	是	是	是	是	
开放级	一般开放级 (需掌握使用情况)	1	否	是	是	是	
	完全开放级 (无须管理)	0	否	是	是	否	没必要

图 2-2-1　公安数据保护级别分级与管理模式

2.2.6　数据配图

支持传统的瓦片工程制图配图技术,同时支持基于WEBGL的在线配图技术。

2.2.6.1　颜色使用要求

在制作瓦片地图或在线工程时应遵循警用地理信息图形符号的相关规定正确使用颜色。在地图上正确用色,可以突出地图的主题,增强地图的表现力。

地图用色惯例如下:

蓝色—表示水域;

绿色—表示植被覆盖区域;

黄色、土黄色—干旱地、荒漠、中等高程地区;

棕色—地貌(山、丘陵等),等高线;

红色、黄色(暖色系)—重要要素(道路、城市等)。

在地图配图使用颜色时,要基本上做到遵循这些惯例。

2.2.6.2　符号使用要求

对基础地图的符号使用,应尽可能遵循警用地理信息图形符号的相关规定,对标准中未规定的,可以根据不同地区特征及用图需要增补符号。特殊情形下也可以按CH/Z 9011—2011《地理信息公共服务平台电子地图数据要求》中附录A的要求执行。

对警用公共地理信息要素的表达,则应符合警用地理信息图形符号的相关规定。

在地图的符号化过程中,符号体系一般按比例尺大小有相应的体系,或不同用途的地图有相应的符号。

2.2.6.3　级别设置

栅格地图工程按照一定级别进行制作,可分为20个级别,相邻级别之间比例尺按倍数关系变化。各级别工程比例尺,见表2-2-1所列。

表2-2-1 PGIS地图工程分级

级别	显示比例尺	备注
1	1：295 829 355.45	
2	1：147 914 677.73	
3	1：73 957 338.86	
4	1：36 978 669.43	
5	1：18 489 334.72	
6	1：9 244 667.36	
7	1：4 622 333.68	
8	1：2 311 166.84	
9	1：1 155 583.42	
10	1：577 791.71	
11	1：288 895.85	
12	1：144 447.93	
13	1：72 223.96	
14	1：36 111.98	
15	1：18 055.99	
16	1：9 028.00	
17	1：4 514.00	
18	1：2 257.00	
19	1：1 128.50	
20	1：564.25	

2.2.6.4 配图内容

1. 基本要求

配图的内容及符号应符合 GA/T 529—2005《城市警用地理信息属性数据结构》、GB/T 13923—2006《基础地理信息要素分类与代码》等技术标准的规定。

地物地貌各要素的综合取舍和图形概括应符合配图区域的地理特征，各要素之间关系协调、层次分明，重要道路、居民地、大的河流、地貌等内容应明显表示，注记正确、位置指向明确。

配图的各内容要素、要素属性、要素关系应正确、无遗漏。

应正确、充分地使用各种补充、参考资料对各要素，特别是水库、道路、境界、居民地及地名等要素进行增补、更新，符合配图时的实地情况，数据的现势性强。

2. 基础 POI 配图内容（见表 2-2-2）

表 2-2-2

数据类型	显示级别	显示内容	表示方法
公安机关	17-20	省厅、市局、区县分局、派出所、警务室等机关	避免出现符号之间压盖、重复等现象；当公安机关与其他要素压盖时，优先保留公安机关；同一单位在不同级别显示的注记位置应尽量保持一致
	15-16	省厅、市局、区县分局、派出所	
	12-14	省厅、市局、区县分局	
	10-11	省厅、市局	
	9	省厅	
单位信息	6-20	党政机关	避免出现符号之间压盖、重复等现象；沿道路分布的单位信息应详细表示；当单位与其他要素压盖时，按照与应用业务的联系紧密程度首先保留密切度高的点；同一单位在不同级别显示的注记位置应尽量保持一致
	16-20	人民团体与民主党派	
	16-20	社会福利机构	
	13-20	基层群众自治组织	
	10-20	公安机关	
	14-20	驻华机构	
	14-20	企事业单位	
	14-20	教育单位	
	14-20	科研设计单位	
	15-20	文化团体	
	15-20	医疗卫生	
	13-20	金融证券	
	14-20	新闻广电与出版	
	15-20	邮电物流单位	
	15-20	危险品存放地单位	
	16-20	其他单位	
场所	15-20	活动场所	避免出现符号之间压盖、重复等现象；符号不能压盖水系和道路要素；沿道路分布的场所信息应详细标示；当场所与其他要素压盖时，按照与应用业务的联系紧密程度首先保留相关性高的点；同一单位在不同级别显示的注记位置应尽量保持一致
	15-20	交通场所	
	17-20	娱乐场所	
	17-20	商贸场所	
	12-20	旅游场所	
	16-20	体育场所	
	14-20	文化场所	
	16-20	服务场所	
	15-20	宗教场所	
	15-20	其他场所	

续表

数据类型	显示级别	显示内容	表示方法
居民地与行政驻地	15-20	显示全部居民地	显示建筑物
	12-14	主要村以上居民地	以点符号表示
	10-11	乡镇以上行政驻地	以点符号表示
	8-9	县级以上行政驻地	以点符号表示
	6-7	地级以上行政驻地	以点符号表示
	4-5	省级以上行政驻地	以点符号表示
	2-3	首都	以点符号表示

3. 道路配图内容（见表2-2-3）

表2-2-3　道路配图内容

数据类型	显示级别	显示内容	表示方法
铁路	16-20	全部铁路、车站、隧道和铁路附属设施	全部用铁路符号表示
	13-15	全部铁路、一等以上车站和隧道	
	11-12	支线以上铁路、三等以上车站和隧道	
	10	全部铁路主线	
	9	国家干线铁路与国铁临管铁路	
	8	国家干线铁路	
公路和道路	16-20	全部道路线	小路用单线表示，其余道路都以描边加内部填充方式表示
	15	高速、地铁、快速路、次干道以上道路、小路以上公路、部分内部道路	
	14	高速、地铁、快速路、主干道以上道路、小路以上公路	
	13	高速、地铁、快速路、主干道小路以上公路	
	12	高速、地铁、快速路、县道及以上公路	
	11	高速、地铁、县乡道以上公路	
	10	高速、地铁、省道以上公路	
	9	高速、省道以上公路	
	7-8	高速、国道、省道	
	5-6	高速主线、国道主线	

4. 水系配图内容（见表2-2-4）

表2-2-4　水系配图内容

数据类型	显示级别	显示内容	表示方法
水系	16-20	显示全部水系	要表示水系中的岛屿
	13-15	1-6级河流及中小型湖泊、水库和主要渠	图上河流宽度大于5 mm时用水系面表示；其余河流用单线表示；对构成网络系统的河、渠，应根据河渠网平面图形特征进行取舍
	10-12	1-6级河流及主要湖泊、水库	
	5-9	1-5级河流	1-3级河流用水系面表示，其余用单线表示
	2-4	1-3级河流	

5. 界线配图要求

国界线按《中华人民共和国地图编制出版管理案例》《中华人民共和国地图》的国界线标准样图绘制。

省级行政区域界线按民政部提供的省级行政区域界线勘界资料（协议书和协议书附图）标绘省级行政区域界线。

地、县级行政区域界线按中图社的资料表示。

各级行政区域界线不以线状地物为界时，界线符号必须连续不间断地绘出。

以双线河中心线或主航道为界的行政区域界线，应在河流中心线连续绘出完整的境界符号，并应正确分清岛屿、沙洲的归属。

界线以单线河、道路、长城等线状地物为界时，应从相应层中拷贝数据为界构面，并删除这段与单线河等要素为界的界线，界线直接接到线状要素。

行政区域界线上明显的转折点和交叉点必须以符号的点或实线段表示，必须实部相交。

飞地的界线用其隶属行政单位的政区境界符号表示，并在其范围内加隶属注记，表面注记不表示。

不同等级的行政区域界线重合时，只表示高一级的行政区域界线。

6. 矢影叠加地图配图要求

矢影叠加地图的配图的级别设置、配图要素内容的要求与基础矢量地图要求保持一致，但对面状要素统一只保留边线。

2.2.6.5　地图标注

1. 基本要求

地图中的注记主要有水系、居民点、道路、植被等。对河流、道路等线状地物的标注，应按图2-2-2所示的排列方法进行标注。

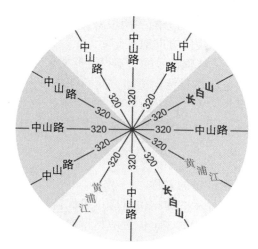

图 2-2-2　注记的排列方向

　　当同一地物（河流或道路）较长时，可以根据需要标注多组注记，但每组注记间的间隔宜大于该组注记本身长度。

　　2. 简称设计

　　由于公安（省厅、市局、分局、派出所、警务室），党政机关（省政府，市政府，县政府，乡镇，街道办事处、居委会）等单位的名称一般较长，标注之后占用的图面空间大，难免会压盖其他点位，影响图面美观和图面要素的丰富性，所以在配图前一般会为上述单位设计简称，从而在不影响重要单位信息表达的情况下显示更多的内容。

　　3. 重要点层简称设计举例（见表 2-2-5）

表 2-2-5　重要点层简称设计举例

类型	MC（名称）	JC（简称）
党政机关	四川省人民代表大会常务委员会	四川省人大
	四川省人民政府	四川省政府
	绵阳市游仙区魏城镇莲花社区居民委员会	莲花社区居委会
公安机关	绵阳市公安局游仙区分局	游仙区公安分局
	绵阳市公安局石洞派出所	石洞派出所
其他	绵阳市老年公寓（绵兴路东）	老年公寓

　　4. 道路简称设计

　　（1）高速公路名称一律标注为"××高速"，去除公路二字。

　　（2）铁路名称一律标注为"××线"，整幅图应统一。

　　（3）编号为"国道215、省道312"等，应改为"G215、S312"。

　　5. 注记换行

　　当要素名称超过七个字时，应通过脚本实现自动断行，断行应符合以下要求。

　　（1）断行后注记最多显示为2行。

（2）名称字数为偶数的，应平均分配并两段对齐；名称字数为奇数的，在尽可能平均分配的同时，注记朝向标注点位的方向对齐。

（3）名称中包含英文名称或特殊符号的，不得将英文名称或特殊符号进行拆分断行。

（4）道路两旁的要素注记应尽量背向道路方向标记。

6. 矢影叠加地图注记要求

矢量地图的注记统一采用黑字白边的样式，矢影叠加地图的注记统一采用白字黑边样式。

7. 其他注记要求

（1）注记应正确反映要素信息的名称。

（2）同一要素在不同级别显示的注记位置应尽量保持一致。

（3）同一场所在不同级别显示的注记位置应尽量保持一致。

（4）公路和道路注记应正确反映道路名称和走向范围。

（5）省道以上公路应表示公路编号。

（6）铁路注记应正确反映铁路名称和走向范围。

（7）同一铁路名称应标注在铁路同侧。

（8）县级以上居民地应表示驻地名称，民族自治居民地应标注全称。

（9）水系注记应正确反映河流等级、名称及范围。同一水系尽量每屏都显示一组注记。

2.3 影像数据处理要求

2.3.1 影像数据获取

影像数据获取主要有两种方式：一是基于各级测绘机构的国家测绘成果进行复用，二是根据各级单位需求进行定制化采购。数据获取的内容及几何空间要求见本书第1章"警用基础地图选用技术要求"。

2.3.2 数据可用性分析

本要求中所涉及的影像数据主要分为卫星影像拍摄的卫片数据，以及无人机/有人机拍摄的航摄影像数据。

对于获取到的数据，在使用前都应进行系统自动化的全面检测和人工抽检，检测的内容包括数据坐标系、覆盖区域检测、含云量分析、波段分析以及空间位置偏差率。具体检测要求如下。

（1）坐标系：CGCS2000坐标系。

（2）空间位置偏差率：空间位置的平均偏差不得大于5米（实地距离），单个像元点位的偏差率不得大于20米/2点/平方公里（每平方公里范围内不得存在2个以上偏差率大于20米的特征点）。

（3）含云量分析：卫星影像数据含云量不得大于该幅影像的10%，且云层覆盖区域不得遮盖城区及郊区的重要区域。航摄影像数据不得含有云雾干扰。

（4）波段分析：多光谱至少包含红、绿、蓝三个波段，以形成真彩色影像。全色数据应搭配多光谱数据提供。

覆盖区域各省可根据本地业务需求制定对应的检测要求和合格阈值，但所有的检测都应经过系统的全面检测，并输出分析报告作为该批次数据入库的元数据。

2.3.3 影像校正

数据校正是指几何校正，基于线性、非线性及三角网分块校正算法为主线将原始数字化坐标下的数据转化到配准的目标坐标，从而保证更新过程中数据位置精度的一致性。它支持传统的空间数据校正方法，也支持地图自动匹配技术。

2.3.4 影像裁剪、镶嵌与匀色

（1）影像裁剪是指通过人工目视解译或机器学习的方式判断出更新区域范围，并基于该范围对原始影像进行裁剪，只保留有效区域数据。

（2）数据镶嵌是指将裁剪后的数据通过人工处理或地图匹配技术将更新区域的影像和原有影像进行嵌合的过程。

（3）影像匀色是指对一幅或多幅影像内的亮度、反差、色调、饱和度分布不均匀的情况进行校正，使影像各个位置的亮度、反差、色调、饱和度基本一致的方法。

2.4 瓦片切图发布与在线渲染

基础地图支持瓦片地图切图发布和在线动态渲染两种方式。

2.4.1 瓦片切图发布

1. 瓦片地图参数要求

（1）数学基础 / 坐标系：2000国家大地坐标系。

（2）设备（屏幕）分辨率：96DPI。

（3）单个瓦片大小：256×256像素。

（4）切图原点：（-180，90），向东、向南行列递增。

（5）地图瓦片数据格式类型：PNG或JPG格式。

（6）地图分级：可根据实际应用需要继续扩展。

（7）切片文件组织方式：聚合文件格式。

2. 地图分级参数要求

按照显示比例尺或地面分辨率进行地图分级。显示比例计算方法如下。

某一级别下，地图显示比例的计算公式为

$$地图显示比例 = 1 : \frac{地面分辨率 \times 屏幕分辨率}{0.0254（米/英寸）}$$

式中，地面分辨率 $= [\cos\left(纬度 \times \frac{\pi}{180}\right) 2\pi R] / (256 \times 2^{level})$，纬度采用赤道纬度，即纬度为0，$R$ 为CGCS2000椭球体的长半径 6 378 137 米，level 为地图级别，屏幕分辨率取值为96

dpi，0.0254为英寸到米的单位转换值。

PGIS瓦片地图分级见表2-2-6所列。

表2-2-6　PGIS瓦片地图分级

级别	地面分辨率（米/像素）	显示比例尺	矢量数据源比例尺	影像分辨率	制作单位
1	78 271.517 0	1∶295 829 355.45	1∶100万	120 m	部级
2	39 135.758 5	1∶147 914 677.73	1∶100万	120 m	
3	19 567.879 2	1∶73 957 338.86	1∶100万	120 m	
4	9 783.939 6	1∶36 978 669.43	1∶100万	120 m	
5	4 891.969 8	1∶18 489 334.72	1∶100万	120 m	
6	2 445.984 9	1∶9 244 667.36	1∶100万	30 m	
7	1 222.992 5	1∶4 622 333.68	1∶100万	30 m	
8	611.496 2	1∶2 311 166.84	1∶100万	30 m	
9	305.748 1	1∶1 155 583.42	1∶100万	15 m	
10	152.874 1	1∶577 791.71	1∶100万	15 m	
11	76.437 0	1∶288 895.85	1∶25万	5 m	
12	38.218 5	1∶144 447.93	1∶25万	5 m	
13	19.109 3	1∶72 223.96	1∶5万/1∶25万	2.5 m/5 m	省级或部级
14	9.554 6	1∶36 111.98	1∶5万/1∶25万	2.5 m/5 m	
15	4.777 3	1∶18 055.99	1∶1万	2.5 m	省级
16	2.388 7	1∶9 028.00	1∶1万	2.5 m	
17	1.194 3	1∶4 514.00	1∶5000/1∶1万	2.5 m	市或省级
18	0.597 2	1∶2 257.00	1∶200/1∶1000	0.5/0.2 m	市级
19	0.298 6	1∶1 128.50	1∶100/1∶2000	0.5/0.2 m	
20	0.149 3	1∶564.25	1∶500/1∶1000	0.2/0.1 m	

3. 地图分级扩展原则

级别可向大比例尺方向按序列扩展，但需保证相邻级别之间比例尺和经纬跨度按倍数关系变化。例如21级，比例尺1∶282.125，地面分辨率为0.07465米。

2.4.2　在线渲染

支持基础数据的在线渲染与交互可视化，矢量数据可以在线调整配图参数，在线渲染数据的数学参数与瓦片地图一致，并达到与预生成瓦片地图服务相当的服务性能。

2.5　街景数据处理要求

处理后的街景数据应符合以下成果要求。

（1）数据格式：支持PNG或JPG格式。

（2）空间化要求：全景图片需进行空间化，如为连续街景数据，应同时具备空间化的轨迹数据（含方向信息）。空间化的数据为CGCS2000坐标系。

（3）影像分辨率：在40 m成像距离内不低于2.5 cm。

（4）间隔和数量：相邻两幅街景影像成像间隔应在12 m内。每一个成像位置的可量测街景影像的个数至少4个，即前视两个、左视一个、右视一个，前视影像与中心线夹角应小于15°，左视、右视影像与中心线夹角应为20°～45°。

（5）同步：每一个成像位置的多个可量测街景影像应同步拍摄，同步精度优于1/1000 s。

（6）摄站精度：可量测街景影像的外方位位置元素平面位置精度优于0.5 m，姿态精度优于0.05°，影像上地物相对量测精度优于1/100 m。

2.6　三维地图

处理后的三维地图应符合以下要求。

（1）格式要求：支持OSGB倾斜摄影、DEM高程、BIM模型以及OBJ等数据格式。

（2）模型框架要求：模型要根据现状数据按照实际尺寸制作，模型场景的位置、朝向要与实际的地理位置一致。

（3）质量要求：倾斜摄影模型的质量分为准确度与分辨率两方面。倾斜摄影数据的测量值与RTK真实测量值之间的差值大小为倾斜摄影的模型准确度；倾斜摄影模型成像分辨率其对应正射影像地面分辨率的三倍。

2.7　室内地图

处理后的室内地图应符合以下要求。

（1）坐标系统：支持CGCS2000坐标系。

（2）地图级别：20级以上。

（3）数据格式：支持PNG等格式。

（4）地图配准：以遥感影像中目标建筑物的轮廓为基准，均匀分散地选取3个或3个以上控制点，进行配准工作。

2.8　视频地图

处理后的视频地图应符合以下要求。

（1）空间化要求：视频画面需要空间化，空间化采用CGCS2000坐标系。

（2）延迟要求：实时视频的图画面延迟小于200 ms。

2.9　导航电子地图

处理后的导航电子地图应符合以下要求。

（1）格式要求：支持SHP、GDB、MDB格式的数据。

（2）坐标系统：支持CGCS2000坐标系。

2.9.1　基础数据处理要求

导航电子地图基础矢量数据处理应满足本章2.2节要求。

2.9.2　代码转换要求

导航电子地图道路属性代码应按照GA/T 491—2004《城市警用地理信息分类与代码》的编码要求进行转换。

2.9.3　导航数据与PGIS已建数据的融合

根据已有的PGIS基础数据作为底图，将导航数据进行对照显示，对比找出变化更新的数据。对已经过时的数据，用新的导航数据予以代替，用新增加的数据对原有的PGIS矢量数据进行补充更新。同时，对所有导航数据应按照GA/T 491—2004《城市警用地理信息分类与代码》要求进行代码的转换。导航电子地图数据与警务地理数据进行融合，可对警务基础地图数据进行丰富和补充。

第3章

警用空间数据采集上图要求

3.1 范围

本要求规定了基于PGIS平台的各类公安数据的地理位置采集与上图的功能要求。明确了基于互联网端、PC端、移动警务终端的人工采集标注、地址匹配、地物关联、IP、辖区定位等多种技术方法和要求。

3.2 概述

数据采集上图是指通过各类技术手段，将各类数据资源赋予或关联空间坐标信息，从而实现在地图上定位、展现和分析的目的。

3.3 采集上图精度要求

采集的数据必须含有基于CGCS2000坐标系的十进制坐标信息，且至少保留小数点后6位。

业务数据上图，与业务数据实际坐标位置相差≤5米范围内。

3.4 采集数据表设计

数据采集因涉及多种数据资源，应尽可能利用已有的高质量数据，从而减少民警采集工作量，形成一个基础点位对应多种数据的采集与关联方式。基础数据ER图如图3-4-1所示。

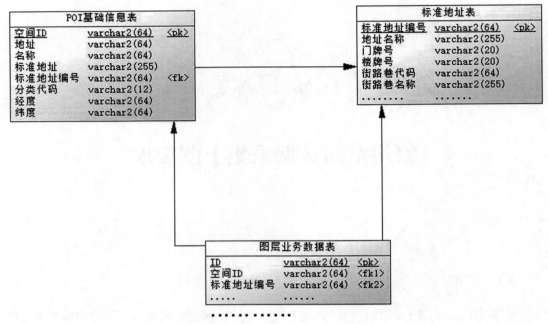

图 3-4-1　基础数据 ER 图

在数据结构中新增 POI 基础信息表，主要进行 POI 信息的存储，不涉及业务属性。在业务图层中存储相关业务信息。

图层业务表新增两个字段，ID_B 对应基础表中的空间 ID

ID_C 对应标准地址的 ID

图层业务表数据可同时对应 POI 基础表和标准地址表，或其中一个表。

3.4.1　POI 信息

POI 信息作为基础信息表，可以单独作为一个新建的图层来进行采集，同时也可以提取相关业务表的属性来构成 POI 信息表。

图层业务表同时包含基础表的信息，业务数据公共部分更新的同时，需同步更新 POI 信息表。

POI 信息表更新的时候，需同步更新业务表相关数据。

POI 业务表示意图如图 3-4-2 所示。

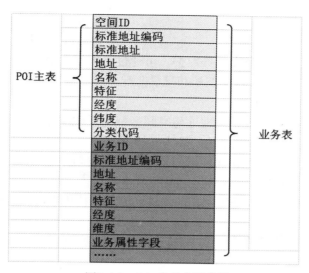

图 3-4-2 POI 业务表示意图

3.4.2 图层业务表信息

在业务图层数据新增基础项 ID_B，用来存储和基础表进行对应关联的信息。

在业务图层数据新增基础项 ID_C，用来存储和标准地址进行对应关联的信息。

业务表需包含基础表信息，基础信息由人工采集完成或通过基础表进行关联更新。

3.5 功能设计要求

3.5.1 人工采集和标注

支持通过互联网端、PC端、移动警务终端定位能力来获取管理对象的空间坐标信息，采集数据时应综合考虑定位偏差情况，提供用户手动修正对象坐标位置的功能。

支持北斗定位其他GPS终端设备采集的管理对象空间坐标数据的导入，导入后的数据可以在PGIS进行可视化上图，支持用户进行二次核对修正。

支持在PGIS平台地图完善一套采集工具，实现对点、线、面、体等空间对象的人工采集和标注，比例尺和精度应满足本书第1章1.5节相关要求。支持基于PC端进行标注的数据可以与移动警务终端实现数据实时共享。

所有数据采集实行增量和变动更新，不干扰感知源已经提供给各类应用信息系统的图层服务应用。

3.5.2 自动采集

支持移动警务终端OCR智能采集图像、音频和视屏数据，采集信息自动录入警务系统，通过与关联数据库对比，实现自动识别对比、数据复用。

3.5.3　地名地址定位

对于有地址信息的点状公安业务数据，可通过与数据库中已有地名地址数据的匹配实现上图，并支持正向匹配、逆向匹配和批量匹配。

地址定位应具有以下功能。

（1）正向地址匹配：实现正向地址与空间坐标的近似匹配转换，基于公安的标准地址数据，输入地址信息，将地址描述转换为经纬度。

（2）逆向地址匹配：实现逆向地址与空间坐标的近似匹配转换，基于公安的标准地址数据，获取经纬度信息，将坐标信息转化为标准地址。

（3）批量匹配：对于正向地址和逆向地址匹配都支持单条与多条批量进行。

3.5.4　地理实体关联定位

通过在数据结构中建立基础信息表（详见本书"3.4节采集数据表设计"），实现无坐标信息的业务数据关联定位。

对于通过数据库实现了地理实体关联的对象，可以借助被关联地理实体的坐标信息进行定位。例如，将杆体图层作为基础信息表，每个杆体数据设置唯一值；将杆体上的摄像头、卡口等感知设备的业务图层数据新增与杆体图层唯一对应的关联字段，从而实现地理实体间的关联，通过杆体位置实现该杆体上所有感知设备数据的定位，也通过摄像头、卡口等感知设备实现人员、车辆的位置定位。事件等非实体业务信息也可以以相同方式将同一事件数据进行关联。

3.5.5　网络IP定位

对于具有网络IP地址的数据，可以利用网络IP所属的物理位置进行定位。

3.5.6　行政和警务辖区定位

对于没有坐标信息也无法通过实体关联或IP定位的数据，可以根据其数据中包含的行政区划名称/代码、组织机构名称/代码或该数据名称中包含的地名信息（如××市人民法院、成都×××有限公司），将该类数据统一添加对应地区的公安组织机构代码，用于系统统计、热力展示或数据核对任务分配依据。

3.6　采集数据流程

3.6.1　数据现场采集

PGIS数据采集工具为手机端和PC端，是通过调用PGIS地图的综合定位等服务，实现业务数据在移动端或PC端的采集。采集后的数据可以在PGIS平台进行查看、审核、统计，也可以进行任务的下发、管理。采集后的感知源数据形成分层解耦的图层服务，作为公共基础服务提供给各类应用系统调用。移动端采集工具支持移动警务终端，PC端采集工具为Web端。现场采集流程图如图3-6-1所示。

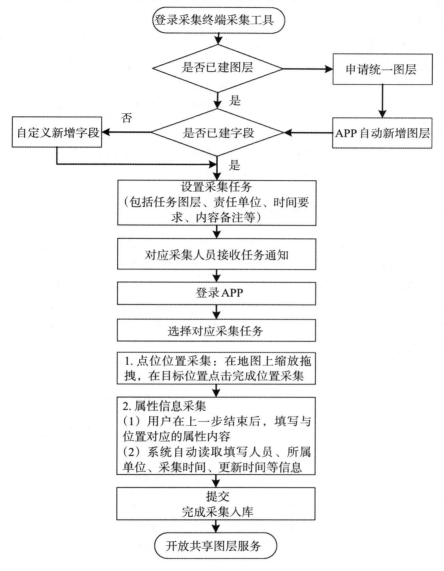

图3-6-1　现场采集流程图

3.6.1.1　数据采集终端系统功能要求

　　数据采集终端，包括移动警务终端和PC端，应具备用户权限管理与安全管理、终端自动识别、PGIS地图加载、点位采集等功能。移动采集终端APP应具备自动读取采集人员、所属单位、采集时间、更新时间等标识信息的功能。采集信息的字段设置方面可分为省市两级管理，即由省厅设置全省数据采集的必填字段，各地市局再结合本地情况进一步设置本地数据采集过程中需要继续补充的必填字段信息。

3.6.1.2 数据现场采集

通过数据采集APP登录采集系统，打开采集工具，若工具中已包含目标采集图层，则直接在APP地图界面上开始采集，完成采集后单击提交按钮即可完成。若工具中无目标采集图层，则由业务单位负责人通过PGIS移动地图APP提交新增图层申请，并在申请中明确图层类型、图层名称、字段信息等。为保证数据库清洁，原则上同一类数据应统一提交申请。申请通过后，PGIS组将在APP中按照申请需求描述增加图层，并设置全省统一的必填字段，同时预留空白字段，供市州管理员根据市州需求再进一步补充自定义字段设置。

新增图层完成后即可开展采集工作。数据采集实行增量和变动更新，不应干扰感知源已经提供给各类应用信息系统的图层服务应用。

3.6.2 已有感知源数据批量导入核对流程

市州公安机关已采集相关感知源数据，可以通过PGIS平台直接进行数据导入，如图3-6-2所示。若数据存储于其他系统中，也可以通过PGIS统一接口将数据对接至PGIS数据库，或由PGIS对开放的数据视图进行读取导入。批量导入的数据其位置采集基准可能存在偏差，导入后的数据，系统应根据其行政代码字段综合坐标信息自动向对应区县下发采集核查任务，由民警进行核查与修正。数据的采集、核查等不影响已经提供给其他系统的图层服务应用。

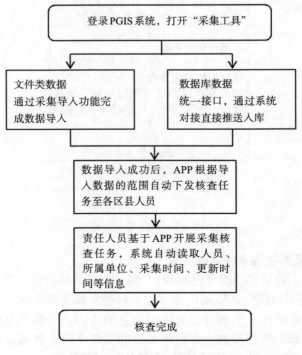

图3-6-2　数据导入核对流程

3.6.3　感知源图层开放共享服务

所有图层的采集流程和图层服务过程分离，数据采集实行增量和变动更新，不应干扰感知源图层应用，并基于PGIS现有应用服务平台服务总线提供开放共享的感知源图层服务。

第 *4* 章

警用空间数据管理与安全使用要求

4.1 数据存储要求

4.1.1 数据存储格式要求

数据存储格式支持结构化数据存储、非结构化数据存储、半结构化数据存储。

4.1.2 数据存储内容要求

（1）栅格瓦片地图数据：影像、矢量、矢影叠加、透明栅格等栅格瓦片数据。

（2）矢量瓦片数据：基于矢量的切片数据，包含各种地图样式数据。

（3）街景 / 全景地图数据：城市街景和室内的全景图片数据。

（4）三维地图数据：倾斜三维模型数据、BIM模型数据、三维地形数据、点云数据等。

（5）POI数据：绿地、河流和POI等公共地理数据资源。

（6）公安业务图层数据：如网吧、旅店、卡口、检查站等基础图层数据。

（7）标准地址数据：从各种渠道汇总后形成的地名、地址的资源数据。

（8）时空数据：具备时间和空间多维度的数据，如实时定位数据、实时路况数据、轨迹数据等。

4.1.3 数据存储方式要求

（1）分布式对象存储：存储栅格瓦片数据。

（2）分布式文件系统：基于HDFS分布式文件系统用于存储全景数据、三维地图数据、DEM数据。

（3）分布式关系数据库：搭建分布式关系数据并扩展空间特性，如 Greenplum+PostGis方式。

（4）多维关系性数据库：负责存储空时数据。

（5）本地文件存储：负责重要数据的存储备份。

4.2　数据汇聚要求

（1）基础地图汇聚：原始倾斜数据、原始影像数据、原始地形数据、原始POI数据以文件的方式进行提交及汇聚。

（2）业务数据汇聚：以数据抽取、接口提交、接口开发等方式进行数据提交及汇聚。

4.3　数据共享要求

4.3.1　统一数据注册标准

建立多源异构异地异主数据的统一注册标准。

（1）建立非结构化数据统一注册标准：如网络地址、端口、口令信息，权属等。

（2）建立结构化数据统一注册标准：如数据库类型、编码、网络地址、端口、口令信息、权属等。

（3）建立数据统一注册系统，对外通过接口方式提供服务。

（4）建立数据注册路由AI管理系统。

4.3.2　服务目录管理

（1）建立服务目录规范。

（2）建立基于目录规范的资源目录体系。

（3）建立统一的资源目录管理系统，对外通过接口方式提供服务。

（4）建立数据目录AI管理系统。

（5）建立目录监控运维体系：对目录各阶段的数据访问和操作进行记录，对数据异常访问进行警告，对数据滥用及违规使用进行识别、监控。

4.4　数据安全使用要求

4.4.1　数据安全传递要求

在数据安全传递方面应要求满足数据安全传递功能，对数据交换的参与者双方进行有效的身份认证；对交换数据进行数据完整性保护；对通信过程中的整个报文或会话过程重要信息字段进行加密，支持基于标准的加密机制。

4.4.2　数据安全路由要求

在数据安全路由要求方面，应要求在通信双方建立连接之前，应用系统进行会话初始化验证；确保只和认证及授权过的来源和目的地进行数据传递。

4.4.3 数据加密机制要求

信息系统采用加密技术实现用户身份和鉴权口令、用户资源等关键信息的加密传输或加密存储，防止信息在网络传输或存储中被窃取、破坏及篡改。

数据加密可支持多种加密形式，比如单、双向SSL加密，对称加密（DES、AES、RC4等），非对称加密（RSA等），MD5加密。用户的密码支持MD5加密，同时支持第三方加密机处理。

4.4.4 数据安全存储场地要求

数据加工处理单位必须单独设置独立且严密物理隔离的办公区域，并且必须安装防盗设施、密码设施及防火设施。存储数据的硬盘必须放置于专用的保险柜中，并由指定专人保管密码及钥匙，使用时严格进行清点、登记、签字手续。数据要有良好的备份与恢复机制，保证数据不会被丢失。

4.4.5 数据加工处理单位人员管理要求

（1）任命、聘用数据处理人员应当进行严格审查。

（2）数据处理人员上岗应当进行安全管理培训，严格遵守规章制度，不得以任何方式泄露与PGIS相关的信息。

（3）非数据加工处理单位工作人员，不得随意进入数据加工处理单位办公区域，如确有必要进入时，必须登记在册，且注明拜访人员。

（4）数据加工处理单位工作人员，严禁私自携带U盘、移动硬盘等存储介质进入办公区域。

（5）工作中使用U盘、移动硬盘等存储介质时，需及时报告数据管理人员，严禁私自插接U盘、移动硬盘等介质。

（6）办公区计算机必须按照规定设置用户名和密码，不得随意共享文件。

（7）不得擅自记录、复制、拍摄、摘抄、收藏在工作中涉及的数据信息；严禁将数据加工处理单位内部会议、谈话内容泄露给无关人员；严禁将工作中涉及的相关项目技术方案和实施规划透露给无关人员。

（8）严禁私自下载、拷贝计算机内的重要信息；不得擅自携带记载工作内容的硬盘、软盘和打印资料外出；严禁将公安信息系统的程序、口令、秘钥等透露给无关人员。

4.4.6 数据处理硬件及PGIS系统使用安全要求

（1）严禁将互联网以及其他存在安全隐患的网络与处理警用空间数据的终端计算机连接。

（2）严禁将手机、网卡等设备与处理警用空间数据的终端计算机连接，包括充电、拷贝资料等。

（3）严禁在处理警用空间数据的办公区域安装使用无线路由器等无线网络设备。

（4）严禁将存有警用空间数据相关信息的U盘、移动硬盘等移动存储介质在互联网上使用。

（5）严禁在互联网上存储、处理任何警用空间数据信息。

（6）严禁在非指定维修点维修警用空间数据处理计算机和相关设备，送修前必须拆除硬盘等存储设备。

（7）数据处理计算机必须按规定注册并安装杀毒软件，注册责任人是注册计算机的直接责任人。

（8）非工作原因，严禁使用PGIS及其相关应用系统，严禁使用PGIS组获取的对接资源。

（9）严禁未经许可违规审批授权PGIS用户。

（10）严禁公开宣传或与无关人员谈论PGIS应用系统及接触的资源共享平台、警综平台、出入境系统等相关内容。

（11）严禁对以上违规行为不制止或隐瞒不报，包庇袒护者调离项目组。

4.4.7 地图服务调用安全管理

部级、省级PGIS应用服务平台可向省级、市级公安系统信息化建设提供基础地图服务接口。各地公安部门在开展信息系统建设过程中，需通过PGIS应用服务平台在线申请基础地图服务，经部级或省级审核通过后即可调用所申请的地图服务。

4.4.8 管理机制要求

建立安全管理机制，为办公系统的安全服务。管理机制要求对数据处理人员、数据及相关资料、存储介质进管理，对使用、操作、处理、传输等行为要做好登记，掌控系统、数据、应用等的所有流转过程，保证系统、数据、应用等始终在安全系统中。同时不定期举行安全管理教育培训，强化相关人员安全管理意识。

第5章

警用空间数据智能更新技术要求

5.1 术语和定义

1. 深度学习

深度学习是用于建立、模拟人脑进行分析学习的神经网络，并模仿人脑的机制来解释数据的一种机器学习技术。

2. 语义分割

语义分割是对图像中的每一个像素进行分类。

3. 离线地图匹配

离线地图匹配是将其他来源的数字地图中的道路与目标数字地图中的道路数据相比较和匹配，得出两幅地图中道路的映射关系。

4. 离线地图更新

地图更新算法是在地图匹配的基础上，实现将其他来源数字地图中的道路属性数据融合到目标地图中对应的道路属性中；实现将其他来源数字地图中的独有道路更新到目标地图中，并保证拓扑关系正确。

5. 基于隐马尔科夫的地图匹配算法

基于隐马尔科夫的路网匹配算法的基本原理是将GPS坐标点序列作为输出序列，将初始概率、观察概率与转移概率作为模型参数，将GPS坐标点经过的真实道路路径作为隐含状态。匹配过程则是已知模型参数，寻找最可能的能产生特定输出序列的隐含状态序列的解码过程，解码过程采用Viterbi算法。

6. 变化检测

遥感图像变化检测可以对同一地点的不同时相数据进行变化检测处理，在资源和环境监测、地理国情监测、自然灾害评估等领域具有高度的实用价值。

7. 多时相影像

多时相通常指反映一组遥感影像在时间序列上具有的特征。广义地讲，凡是在不同时间获取的同一地域的一组影像、地图或地理数据，都可视为多时相的数据。

5.2　影像目标对象提取技术要求

数据提取使用算法对输入的遥感影像数据中的地理信息要素（如路网、水系、建筑物等目标对象）进行自动提取，并以通用矢量SHP格式输出提取结果。

5.2.1　输入数据要求

1. 输入数据类型

（1）用于算法学习的影像；（2）用于算法学习影像的地物标签数据；（3）需要进行目标地物提取的影像。

2. 输入数据格式要求

用于算法学习的影像与进行目标地物提取的影像格式一般选择通用格式，如TIF、IMG；用于算法学习影像的地物标签数据为SHP格式。

3. 输入数据的精度要求

地物标签数据的几何质量精度需要满足本书1.5.4小节"几何质量要求"的要求，平面位置精度需要满足本书1.5.5小节"平面位置精度要求"的要求。

4. 影像质量满足本书1.6小节"影像地图"中对数据格式、坐标系、分幅要求和质量要求的要求。

5. 用于机器学习的样本影像宜与用于目标提取的影像具有相似的纹理特征，即包括但不限于季节时相一致、光照条件一致。

6. 坐标系统为CGCS2000系统。

5.2.2　输出数据要求

1. 提取成果几何要求

提取结果为矢量数据，且符合本书1.5.4小节"几何质量要求"的规定。

2. 提取成果平面精度要求

提取结果符合本书1.5.5小节"平面位置精度要求"的规定。

3. 数据冗余

输出的矢量成果中，组成要素的点集，建议使用多边形逼近算法（如道格拉斯-普克算法，Douglas-Pucker Algorithm）进行处理，在满足本书1.5.4小节"几何质量要求"的规定下，尽量减少数据冗余。

5.3　多源矢量数据的清洗与融合要求

数据清洗，支持利用各类采集来源的矢量数据与PGIS警用地图中的矢量数据进行自动对比，从而提供对PGIS警用地图的目标对象的匹配和更新服务，实现多源矢量数据的清洗与融合。

5.3.1　输入数据要求

输入数据为矢量数据，且需符合书中1.5节、3.3节对几何与平面精度的要求，即线状要素无自相交、无拓扑奇异点，线段相交时应无悬挂或过头现象，满足空间位置偏差率。

5.3.2　输出数据要求

输出结果为矢量数据，格式为SHP、GDB或MDB，并符合本书1.5节对矢量数据的几何与平面位置要求。同时算法匹配结果的精度应不低于95%。

5.4　区域变动监测技术要求

区域变动监测是使用智能算法对不同时相的影像与影像或影像与矢量间，地物目标对象的变化进行检测，输出变化的区域及类别，输出结果为SHP格式文件。

5.4.1　数据要求

（1）输入数据。
方式一：同区域同季节但不同年份的影像数据。
方式二：影像数据及与其同区域不同年份的矢量数据。
（2）影像质量需满足本书1.6小节"影像地图"中对数据格式、坐标系、分幅和质量的要求。
（3）矢量数据为SHP格式，矢量数据的几何质量精度需要符合本书1.5.4小节"几何质量要求"，平面位置精度需符合本书1.5.5小节"平面位置精度要求"。
（4）坐标系统为CGCS2000系统。

5.4.2　输出数据要求

同5.3.2小节。

5.5　智能算法示例

5.5.1　遥感影像目标对象智能提取算法示例

5.5.1.1　遥感影像建筑智能提取算法示例
遥感影像中存在着海量的对象语义信息，因此，通过智能算法准确、快速地提取目标对象信息以提高工作效率，成为紧迫需求。本遥感影像目标对象智能提取算法基于深度学习，采用卷积神经网络，通过对网络结构的不断调整优化，进一步提高了模型的性能。本算法的主要流程包括数据准备、模型训练调优、性能评估等。

1. 数据准备

（1）标签制作。使用Arcgis或其他工具手动将影像中的特定目标对象按要求进行像素级标注，输出文件为SHP格式。将SHP文件转为可输入到网络中的PNG或JPG格式，背景像素值设为0，目标对象像素值为255，完成标签制作。如图5-5-1所示。

图5-5-1　样本标注

（2）数据切割。将影像和标签按照经纬度坐标进行一致切割，保证影像和标签坐标信息一一对应，通常切为1024×1024的小图。切割同时保留小图的坐标信息，用于后续格式转换。如图5-5-2所示。

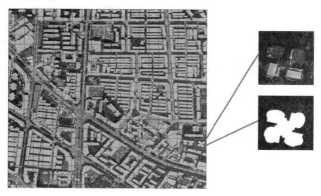

图5-5-2　影像和标签使用同一网格切割

（3）样本划分。将处理好的数据按一定比例划分为训练集、验证集和测试集，其中，训练集用于模型学习，验证集用于评估模型性能。

（4）标签库管理。每次完成标签制作后，将已制作的标签按分辨率或其他特性分类加入到标签库中。随着标签库的不断完善，采用标签库训练的模型可直接用于预测后续有相同类型、相同数据分布的遥感影像，而不需要再重新制作标签。

2. 模型训练

（1）数据增强。对训练集影像及标签同时进行平移、翻转、镜像等增强技术，间接增加训练集的样本，提高模型泛化能力。

（2）训练调优。输入数据到卷积神经网络中进行迭代训练，卷积神经网络输出为像素级分割结果，每次迭代都计算网络输出和标签之间的损失，通过反向传播算法更新网络参数，直到网络损失不断下降并收敛。调整网络超参数，进行多次实验，选取最佳模型。

（3）性能验证。在训练过程中监督验证集损失变化，网络收敛后，选取验证集损失最小的模型作为最终测试模型，并保存模型。

3. 性能评测

（1）性能测试。实验数据为乐山城区0.05米分辨率建筑物数据集，通过训练调优，最佳模型在测试集上IoU可达80%，准确率为90%，见表5-5-1所列。

表5-5-1　性能测试结果表

模型	P（准确率）%	R（召回率）%	IoU（交并比）%
HsgNet	88.16	89.31	79.67
D2GCN	88.25	90.44	80.66
Merge	90.08	89.01	80.95

（2）效果展示，如图5-5-3所示。

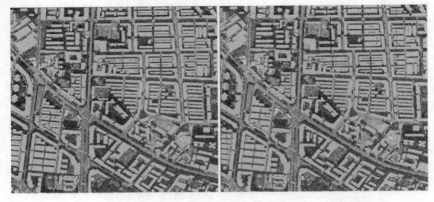

　　　　（a）人工标注　　　　　　　　　　　（b）网络预测
图5-5-3　建筑智能提取效果展示

（3）格式转换。由于模型预测输出为不带地理坐标信息的图片格式，需要根据之前保留的经纬度坐标信息将预测结果转为SHP格式或其他可供后端使用的格式。

5.5.1.2　遥感影像道路智能提取算法示例

针对遥感影像道路对象的提取，基于深度学习，开发了遥感影像道路智能提取算法。该算法采用卷积神经网络，通过对网络结构的调整优化，不断提高模型性能。遥感影像道路智能提取主要流程包括数据准备、模型训练调优、性能评估等。

1. 数据准备

（1）标签制作。使用Arcgis或其他工具手动将影像中的道路按要求进行像素级标注，输出文件为SHP格式。将SHP文件转为可输入到网络中的PNG或JPG格式，背景像素值设为0，目标对象像素值为255，完成标签制作，如图5-5-4所示。

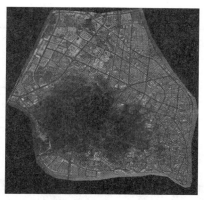

图5-5-4　样本标注

（2）数据切割。将影像和道路标签按照经纬度坐标进行一致切割，保证影像和标签坐标信息一一对应，通常切为1024×1024的小图。切割同时保留小图的坐标信息，用于后续格式转换。如图5-5-5所示。

图5-5-5　影像和标签使用同一网格切割

（3）样本划分。将处理好的数据按一定比例划分为训练集、验证集和测试集，其中，训练集用于模型学习，验证集用于评估模型性能。

（4）标签库管理。每次完成标签制作后，将已制作的标签按分辨率或其他特性分类加入到标签库中。随着标签库的不断完善，采用标签库训练的模型可直接用于预测后续有相同类型、相同数据分布的遥感影像，不需要再重新制作标签。

2. 模型训练

（1）数据增强。对训练集影像及标签同时进行平移、翻转、镜像等增强技术，间接增加训练集的样本，提高模型泛化能力。

（2）训练调优。输入数据到卷积神经网络中进行迭代训练，卷积神经网络输出为像素级分割结果，每次迭代都计算网络输出和标签之间的损失，通过反向传播算法更新网络参数，直到网络损失不断下降并收敛。调整网络超参数，进行多次实验，选取最佳模型。

（3）性能验证。在训练过程中监督验证集损失变化，网络收敛后，选取验证集损失最小的模型作为最终测试模型，并保存模型。

3. 性能评测

（1）性能测试。实验数据为乐山城区0.5米分辨率道路数据集，通过训练调优，最佳模型在测试集上IoU可达75%以上，准确率为90%以上，见表5-5-2所列。

表 5-5-2　目标对象智能提取方法对比表

模型	P(准确率)%	R(召回率)%	IoU(交并比)%
HsgNet	85.98	80.02	70.71
D2GCN	88.85	77.89	70.93
Merge	90.51	82.27	75.57

（2）效果展示，如图 5-5-6 所示。

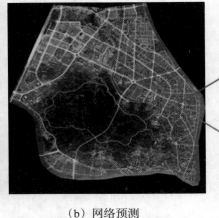

（a）人工标注　　　　　　　（b）网络预测

图 5-5-6　道路智能提取效果展示

（3）格式转换

由于模型预测输出为不带地理坐标信息的图片格式，根据之前保留的经纬度坐标信息将预测结果转为 SHP 格式或其他可供后端使用的格式。

5.5.2　离线地图匹配系统示例

地图匹配是将具有时间、空间维度信息的一系列存在精度损失的 GPS 轨迹点映射到实际的道路上，辅助解决城市计算中的相关问题，例如智能交通、用户出行、轨迹深度理解等其他基于位置的服务。本算法设计了一个基于自定义复杂道路网络划分模型的权重自适配离线地图匹配方法和系统，主要包括预处理、权重适配的地图匹配和后处理三个主要功能模块。从数据预处理，到地图匹配，再到后处理都进行了设计和优化，能有效弥补常规地图匹配算法在离线的、复杂的轨迹网络下匹配难的问题。

1. 预处理

首先使用交叉路口轨迹划分模型将复杂的多轨迹网络划分为单轨迹集，解决复杂轨迹网络不能直接输入隐马尔科模型的问题。如图 5-5-7 所示为交叉口轨迹划分示意图。

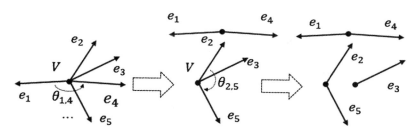

图 5-5-7　交叉口轨迹划分示意图

2. 地图匹配

匹配算法：基于隐马尔科夫模型进行优化，并使用盒图模型进行权值适配的地图匹配，用来平衡效率和准确性间的关系。

3. 后处理

基于自定义的统一 GPS 和道路网络模型，准确映射复杂交叉路口的点，进一步提高精度。

4. 性能评估

对成都市内的成绵立交、金牛立交、武侯立交、双流机场和成南立交五个区域进行测试，本模型平均准确率可达98%。

第二部分

PGIS 多维平台技术要求

第6章

PGIS 建设思路

6.1 PGIS 现有体系结构

PGIS 以计算资源、存储资源、网络资源为基础,提供空间数据服务总线,空间数据的查询、比对、模型、订阅等空间数据应用管理服务,为四川 PGIS 二、三维一体化应用系统的一体化展示、路径规划、PGIS 移动应用、实战指挥三维沙盘系统、实战指挥作战应用等应用提供数据服务支撑。

6.1.1 PGIS 数据接入及处理流程

警用地理信息平台(PGIS 平台)经过长期的应用和发展,对基础地图数据资源、公共地理图层资源公安业务图层资源、动态时空资源等多类型数据进行了管理,并通过二、三维一体化展现能力支撑了若干警种的地理信息服务。

现有 PGIS 的数据资源接入、处理、存储和服务的流程如图 6-1-1 所示。

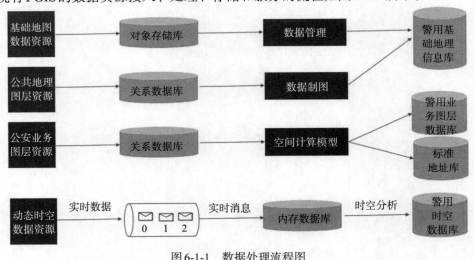

图6-1-1 数据处理流程图

PGIS 管理的数据资源主要包括基础地图数据资源、公共地理图层资源、公安业务图层资源、动态时空数据资源等类型。

（1）基础地图数据资源：主要包括栅格瓦片地图数据、全景地图数据、三维数据等。该类数据主要通过文件系统、分布式文件系统、OSS 等对象存储进行存储和管理。基于这类数据，可以面向业务提供栅格瓦片、矢量、三维等地图数据访问服务接口。

（2）公共地理图层资源：主要是基础的绿地、道路、水系以及 POI 点等资源，该类数据资源一方面为生产制作警用基础底图提供数据支撑；另一方面也为公安业务提供基于 POI、道路线等的查询检索服务。该类数据主要是基于 PostgreSQL+PostGIS 进行存储和管理。

（3）公安业务图层资源：主要是公安管理一些业务数据资源，包括网吧、旅馆、卡口、标准地址等。通过该类数据资源，一方面通过建立业务图层的索引，为公安各警种提供业务图层数据的查询和检索服务；另一方面，通过该类数据结合警用专用空间计算分析模型，形成面向公安专项应用的服务，包括热力图、聚类图等。在业务上表现为如案件热力图、关注人员流向图、视频聚类图等。

动态时空数据资源，主要为"时间+空间"特性的时序列数据，包括如警力实时定位、卡口过车、旅馆住宿、人像卡口、网吧上网以及案件警情等。该类数据变化频率高，随着历史积累，数据量会越来越大，通过该类数据资源，基于"时空+空间+事件"的关联和挖掘分析，可以为公安业务提供基于时空的空间分析与预测能力，如犯罪时空分析、关注人员流向分析服务等。该类数据主要基于分布式关系型数据库等大数据进行存储和管理。

6.1.2　PGIS 现有技术框架

PGIS 平台总体框架分为基础设施层、平台支撑层、基础数据层、应用服务层和功能应用层，各层描述如下。

（1）基础设施层：PGIS 平台适用各种软硬件设施，既可以基于警务云平台进行搭建，也可以直接利用计算中心的存储、计算及网络资源进行搭建。

（2）平台支撑层：平台支撑层以 PGIS 的服务共享平台、应用服务平台、运维服务平台、权限管理平台为基础，再结合 Cesium、全景服务平台等新基础平台，作为 PGIS 二、三维一体化应用系统的基础支撑，同时二、三维一体化应用系统兼容以上主流三维基础平台，并实现与 PGIS 平台的融合，为二、三维地图基础服务和相关业务应用提供平台支撑。

（3）基础数据层：支持标准的 OSGB、BIM 三维数据格式，OBJ、ArcGIS 的 I3S 三维数据格式标准，超图的 S3M 三维数据格式标准，3DMAX 的 3DS 格式三维数据、三维激光点云的 LAS 数据格式和 JPEG 全景数据格式。数据层主要依托于分布式文件系统、空间数据库、关系数据库和 NoSQL 数据库及内存数据等，构建警用基础地理信息数据库、警用标准地址数据库、警用业务图层数据库和警用时空大数据库等。

（4）应用服务层：包括 PGIS 的综合查询服务、基础对象服务、基础对象空间查询服务、用户权限服务、热点地图服务、打印服务，以及本次开发的 Framework 基础底层服务、基础属性查询服务、空间信息服务、三维空间分析服务、数据处理/交换/更新服务，道路服务、路径分析服务、动态标绘服务、实战指挥时空分析、挖掘工具服务、警情时空分析服务和实战指挥作战制图服务。平台服务层也为PGIS开发服务，主要为各类警务应用提供PGIS基础服务支撑，包括PGIS基础服务和PGIS服务管理系统。

①PGIS基础服务有栅格瓦片地图服务、矢量瓦片地图服务、移动地图服务、地图搜索服务、标准地址服务、时空大数据服务、专题数据服务、WMS服务、WFS服务、在线地图打印服务等。

②PGIS服务管理负责PGIS基础服务的注册和授权监控管理，同时也负责对第三方服务的对接和管理。

（5）功能应用层：为PGIS平台用户提供实战应用入口，主要包括PGIS地图门户和PGIS微应用等。同时在该层提供主要面向业务应用提供各类PGIS二、三维一体化开发接口，主要包括二次开发组件、地图切换组件、数据查询、地图浏览、浏览控制、图层控制、空间分析、兴趣点设定与收藏、资源管理、实战指挥时空分析挖掘、实战指挥警情时空分析、实战制图制作编辑共享、实战指挥作战制图素材管理等内容。

（6）警用地理信息标准规范。即各地将遵循的警用地理信息各项标准规范要求，实现平台的数据、服务和应用接口的建设。它主要包括数据类规范设计、服务类规范建设、管理类规范建设等。

（7）平台运行管理规范：主要包括平台的运维监控管理、数据管理、安全保障措施和管理制度要求以及安全加密浏览器、边界接入平台、等保三级等规范内容。

6.2　PGIS分层解耦的建设思路

警用空间地理信息技术标准按照分层解耦的建设思路，遵循公安大数据的规范要求，同时针对警用空间地理信息要素的数据和服务特点，在公安大数据的总体规范技术要求基础上，扩展面向空间特性的技术要求。

IaaS层是基于公安云计算平台的基础设施，包括计算资源、存储资源、网络资源等。

PaaS层在计算服务、存储服务、服务实例和服务资源基础上，针对空间数据存储和管理的需要，对分布式关系型数据库、多维分析数据库、关系型数据库等进行空间存储扩展服务支持。

DaaS层在公安大数据已定义的数据接入、数据处理、数据组织、数据治理以及数据服务规范技术要求上，分别针对空间数据的特定要求，扩展空间数据接入、空间数据处理、空间数据组织、空间数据治理、PGIS二次开发API和空间数据应用管理服务的技术规范和要求。

SaaS层在DaaS层的基础上按照"一切资源化、资源目录化、目录全局化、全局标准化"的工作要求提供资源管理、服务管理、开发者中心、PGIS门户、权限管理、运维管理等子平台，全方位保障对业务应用的服务支撑。

6.2.1　基于IaaS层实现PGIS平台部署

随着系统的云化升级改造与计算机设备国产化进程的持续推进，PGIS平台应充分考虑未来基础设施平台提供的能力，并采用环境适配规范充分利用云平台的能力完成对云平台、安全平台、大数据平台的对接，实现地图资源融合统一、业务支撑、开发赋能三个目标。

6.2.1.1　基于安全架构的PGIS安全部署

结合安全框架平台实际建设情况，通过前后端分层解耦，优化服务平台，完善服务运维保障机制，加强服务宣传推广力度，持续迭代优化服务，使服务更加贴近实战。

6.2.1.2　基于大数据平台的PGIS能力提升

依托大数据平台数据挖掘分析能力，提升PGIS服务的业务支撑能力。同时，在公安大数据规范体系下，配合大数据平台完善时空数据规范，利用PGIS时空分析和地图可视化能力为大数据应用赋能。

6.2.2　基于PaaS层实现PGIS数据存储

警用空间地理信息的空间数据资源主要包括静态数据和动态数据两种大的类型。为满足空间数据资源的特定管理和应用要求，需对PaaS存储服务的规范要求进行扩展，如图6-2-1所示。

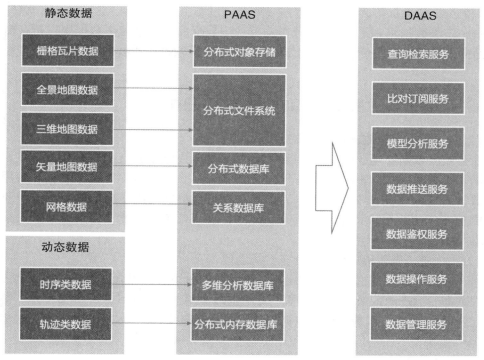

图6-2-1　PaaS存储服务规范扩展

6.2.2.1　基于分布式文件系统的空间数据存储

瓦片地图数据、全景地图数据、三维地图数据等警用空间数据中需要使用分布式文件系统进行存储。当前云计算平台提供的分布式文件系统均能满足上述数据的存储与管理，具体如下。

（1）瓦片地图数据（包括影像、矢量、矢影叠加、透明栅格）：该类数据可以基于 PaaS 层的分布式对象存储服务进行存储和管理。

（2）全景地图数据：主要是城市街景和室内的全景图片数据，该类数据更新频率相对较快，主要基于 PaaS 层的分布式文件系统进行存储和管理。

（3）三维地图数据：主要包括城市倾斜摄影数据、BIM 模型数据、三维地形数据等，该类数据基于 PaaS 层的分布式文件系统进行存储和管理。

6.2.2.2　基于关系型数据库的空间数据存储

矢量数据是警用空间数据的重要组成部分，主要包括地理图层数据、警用业务图层数据以及网格数据等带有空间信息特性的数据。

该类数据可基于 PaaS 层的分布式关系型数据库和关系型数据库进行存储和管理，但针对矢量数据空间特性需要，分布式关系型数据库和关系型数据库需扩展对空间数据的存储和管理技术要求。

6.2.2.3　基于多维分析数据库的空间数据存储

动态时空数据指的是带"空间+时间"特性的数据，主要包括轨迹类数据（如车辆定位、人员定位数据等），登记类数据（如卡口过车、网吧上网、旅馆住宿、WIFI 上网等）……该类数据可基于 PaaS 的分布式关系型数据库及多维分析数据库进行存储和管理。面向海量动态时空信息的管理需要，需多维分析数据库扩展对空间信息管理技术的要求。

6.2.3　基于 DaaS 层实现 PGIS 数据组织和服务

6.2.3.1　警用地理数据和业务数据接入

在公安大数据处理数据规范的指导下，实现警用地理数据定义、数据读取技术和数据对账等技术规范；同时也实现公安业务数据的接入、读取和对账技术规范。警用空间业务数据已成为当前公安日常业务工作的一种重要数据资源。标准的警用空间业务数据需要常态化的数据采集与维护工作。具体要求请参照第三章"警用空间数据采集上图要求"。

6.2.3.2　基于警用地理数据和业务数据治理

警用空间数据治理主要由数据运维管理、服务目录和资源管理等三个部分构成。警用地理数据的治理规范请参照第一章"警用基础地图选用技术要求"和第二章"警用空间数据处理技术要求"。警用业务数据的治理规范请参考第三章"警用空间数据采集上图要求"。

6.2.3.3　基于警用空间数据存储

警用空间数据存储主要按用途进行划分。其中，地理数据包含矢量地图数据、卫星影像数据、三维数据、街景数据、室内地图等数据，业务数据包括标准地址数据、警员警车定位数据、案事件数据、人口、房屋数据和适配监控数据等数据。数据存储规范请参考第四章《警用空间数据管理与安全使用要求》。

6.2.3.4 警用空间数据服务

警用空间数据服务规范包括地理和业务两个方面：地理数据服务包括实时计算、空间分析、时空模型、离线计算、数据推送和空间操作等内容；业务数据服务包括辖区定位服务、热力图服务、实时定位服务等内容。

6.2.3.5 警用空间服务开发

警用空间服务开发采用二维和三维一体化的接口，接口需要详细、清晰地定义PGIS对外提供接口的能力。它包括地图接口、数据接口以及其他高级接口，要求能支持第三方较快地接入地图服务和地图服务的后期维护。

6.2.4 基于SaaS层实现PGIS服务支撑

6.2.4.1 基于资源管理实现目录化资源

按照PGIS项目建设对资源目录化的工作要求，对PGIS平台的数据资源、服务资源进行统一的管理，通过建立资源管理平台实现资源的统一标准化管理。

6.2.4.2 基于开发者中心实现一体化开发

按照一体化开发思想，PGIS平台通过建立开发者中心实现研发的统一接口服务。

6.2.4.3 基于服务管理实现有序化服务

PGIS通过服务管理平台的建设实现应用服务的注册、发布、介绍以及应用案例和服务的申请审核流程化管理。

6.2.4.4 基于运维管理实现服务保障

PGIS通过运维管理平台的建设实现APM、运行环境、空间数据库的实时动态监控，系统根据阈值自动产生预警或者告警信息，通过故障处理流程实现闭环、高效管理，为PGIS的服务提供保障。

第7章

PGIS 多维平台总体框架

7.1　PGIS多维平台单节点体系结构

二维PGIS拥有成熟的数据结构，可制作多种多样的专题图和统计图，具有强大的空间查询、分析功能和成熟的业务处理流程等优势；三维PGIS相对二维PGIS具有视觉直观和形象具体的优势，更易给人直观性的感受。为了发挥各自优势，PGIS多维平台同时支持二维和三维功能。

7.1.1　PGIS多维平台体系结构总体设计

PGIS多维平台体系结构基于公安大数据框架构建，主要由IaaS、PaaS、DaaS和SaaS层组成，各层描述如下。

（1）IaaS层：负责为PGIS提供基础设施服务，可能的网络包括互联网、公安移动专网、公安网、视频专网以及其他内部专网。在专网上构建的警务云平台形成了计算资源池、网络资源池、存储资源池和其他资源池。国产化云平台、大数据平台、安全框架和物联网的推进对PGIS的运行环境提出了适配需求。PGIS通过环境适配规范实现地理信息系统的部署搭建工作，充分利用警务云平台、大数据平台和安全框架所形成的能力，为上层平台服务提供基础资源。

（2）PaaS层：平台层是在IaaS层的基础上构建计算服务、存储服务、容器服务、链路监控服务、应用性能管理服务以及空间管理服务。它结合分布式文件系统、分布式关系型数据库、分布式内存数据库以及传统的关系数据库和多维数据库等共同形成基础的平台服务并为上层数据和业务层提供运行环境。

（3）DaaS层：依托公安大数据DaaS标准规范体系，主要包括空间数据接入、空间数据组织、空间数据治理、空间数据处理、空间数据应用管理服务、数据管理服务、空间数据分析计算等功能。数据资源组织主要分为原始库、资源库、业务库、主题库和知识库等部分，包含矢量地图数据、卫星影像数据、三维数据、全景数据、路网数据、路况数据、实时位置等地理数据以及标准地址数据、警员警车定位数据、案事件数据、人口、房屋数据和适配监控数据等业务时空数据。

（4）SaaS层：主要为PGIS平台用户和各警种的业务提供应用入口，主要包括PGIS地图门户、运维管理、服务管理、数据资源管理和多维开发者服务（多维开发SDK、多维WEB API、多维URI API）等内容。支撑的实战业务覆盖省厅、地市公安局、县分局、派出所和社区警务室。它最终为科信管理、指挥调度、治安管理、刑事侦查和其他业务应用提供实际业务应用的时空信息分析服务。

7.1.2 PGIS数据组织及管理体系

PGIS数据资源组织主要由原始库、资源库、业务库、主题库和知识库等部分组成。各库描述如下。

（1）原始库：原始库包括两个部分，一部分是由PGIS独立建设的数据资源管理库，包括电子地图原始库和矢量数据原始库。其中，电子地图原始库包括三维、全景、影像、栅格、矢量等地图数据资源；矢量数据原始库由GIS的基础点、线、面等公共地理图层资源组成。另一部分依赖由公安大数据已定义的原始库，包括公安执法与执勤数据、互联网数据、电信网数据、物联网数据、视频网数据、行业专网数据等原始库。

（2）资源库：针对空间数据特性，建立面向空间特征的专门资源库，主要包括公安要素图层库、要素时空关联库、要素空间关系库、要素空间行为库、要素时空分析库和要素资源分布库组成。

（3）业务库：主要为业务要素空间索引库，包括POI空间索引、公安要素空间索引。同时，针对不同警种的业务应用特点，在公安大数据的业务资源库、业务知识库和业务生产库的基础上，建立面向不同警种的专业警种地图制图和专业警种空间分析支持。

（4）主题库：主要包括人员时空主题库、车辆时空主题库、物品时空主题库，同时在单位/组织、案件、事件、物品等主题库的基础上，扩展空间特征规范要求，主要包括地址、网格等特征。

（5）知识库：主要建立面向空间地理信息的知识库，包括警用地图知识库、警用地图规则库、警用地图算法库、警用地理信息智能处理库等。

7.1.3 公安业务数据空间化流程

PGIS需要同公安的业务数据进行结合，才能针对不同警种的需求提供相应的空间查询和分析能力支持。

对公安大数据接入的业务数据来源于不同的业务警种。这些来源广泛的业务数据又主要分为静态数据和动态数据两大类型。基于PGIS的需要，对这业务数据进行空间化处理，使之具备空间坐标可视化展示的能力。

7.2 PGIS多维平台省市联网体系结构

7.2.1 省市联网总体框架

PGIS多维平台的联网资源主要包括地图资源、定位资源、公安业务图层要素资源等数据资源和数据资源目录等。PGIS 省、市两级联网框架如图7-2-1所示。

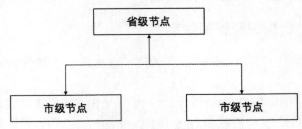

图 7-2-1　PGIS省、市两级联网框架

PGIS 联网体系主要分为省级节点、地市节点两级。地市节点同省节点对接互联、省节点同部级节点对接互联。

7.2.2 基于服务总线的PGIS微服务化资源联网体系结构

PGIS 多维资源的联网从技术上基于资源服务总线进行开展，各级 PGIS 资源服务都注册到服务总线中，由省级服务总线实现互联互通，从而实现 PGIS 资源的互联网。基于大数据服务总线的 PGIS 联网体系如图7-2-2所示。

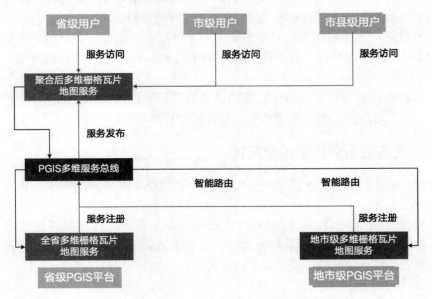

图 7-2-2　基于PGIS服务总线的PGIS联网体系

在公安资源服务总线总体框架下，扩展对定位资源管理、地图服务资源管理、空间数据管理的管理和技术要求。其中，对服务鉴权、服务注册、服务监控及服务日志等遵循公安资源总线总体技术规范要求。

（1）定位资源管理：主要包括实时定位信息服务和轨迹服务管理两部分。其中，实时定位信息服务采用消息订阅方式；轨迹服务主要是 HTTPS 方式采用服务代理模式，实现地市到省、省到部节点的实时定位信息同步。

（2）地图资源管理：省市各级地图服务主要是 HTTPS 方式，请求和获取图片流数据。在服务总线中，对地图资源的管理采用服务代理的直连模式，实现地图服务的联网获取，也就是省级通过获取注册的地图服务 URL 地址，直接基于 URL 进行直联，从而实现地图图片数据的调取。

第 *8* 章

PGIS 多维平台标准体系

按照公安大数据的总体标准体系要求，PGIS 多维空间地理信息技术标准体系框架划分为四个层次，即 IaaS、PaaS、DaaS 和 SaaS。

8.1 IaaS 层适配规范

8.1.1 PGIS 多维平台适配国产云平台要求

PGIS 适配云平台需要从数据、计算、服务、部署和管理等几个方面进行，充分利用云平台提供的弹性计算服务、镜像服务、云硬盘、弹性文件服务、docker 容器服务、弹性负载均衡、虚拟防火墙、弹性 IP 和其他云服务。通过适配云平台，PGIS 将会获得以下能力提升。

（1）处理能力和系统响应能力增强。

（2）对更多的后续上云应用提供服务支撑。

（3）更多的服务资源开放和共享。

（4）更高效的服务运维管理。

（5）拓展公安大数据时空分析能力，为大数据提供更加强大的时空数据分析能力。

传统 PGIS 平台迁移上云提升平台综合能力示意图如图 8-1-1 所示。

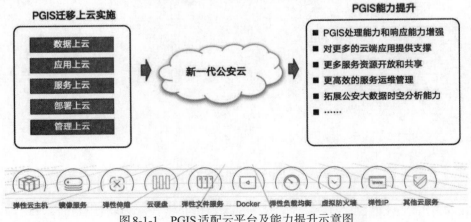

图 8-1-1　PGIS 适配云平台及能力提升示意图

8.1.2　PGIS 多维平台适配大数据平台要求

PGIS 适配大数据平台，有以下两种方式。

（1）通过对接同步大数据平台的业务数据，完善 PGIS 空间资源库，提供基于电子地图的资源信息查询分析和可视化展示服务，同步内容主要包括人员轨迹数据、视频监控数据、移动设备数据、一标三实数据、警情案件详情数据等。通过大数据平台接口并结合 PGIS 的时空分析能力对外提供基于大数据的时空分析服务。

（2）借助大数据能力和丰富的大数据资源，通过在大数据平台的租户功能部署时空挖掘模型，将模型的分析结果通过 PGIS 平台处理后对外输出。

8.1.3　PGIS 多维平台适配安全框架要求

为了实现安全架构和分层解耦降，降低层与层之间应用的依赖，保障数据安全性，安全适配将采用标准化的 API 接口，在保障安全的条件下提高各层逻辑组件复用率。

安全框架适配要求主要包括以下内容。

（1）系统必须采用前后端分离的架构方式，前端应用按照规范放入应用前置区，同时前端应用通过可信 API 代理访问后置服务。

（2）数据访问相关的服务放入数据专管区，保证数据安全性。

（3）在应用前置区和数据专管区分别部署 API 网关，统一接口规范。应用前置区的应用通过方正前置 API 网关访问 PGIS 前置服务，位于数据专管区的第三方业务应用通过后置 API 网关访问 PGIS 数据服务。

（4）可信接入代理：通过可信代理控制服务进行用户身份认证、可信风险的感知及应用授权；可信代理控制服务到认证授权系统进行身份认证，认证通过后进行应用权限授权，并颁发用户 Token。

8.2　PaaS 层标准规范

PGIS 多维平台的 PaaS 层主要提出了警用地理信息所需的特殊存储和计算要求，指导警用地理信息服务的生产商提供相应的产品和技术支撑。其涵盖计算服务、存储服务、容器服务、链路监控服务、应用性能管理服务以及空间管理服务。它结合分布式文件系统、分布式关系型数据库、分布式内存数据库以及传统的关系数据库和多维数据库等内容，主要分为以下两类。

（1）空间数据库：用于存储空间图层及其索引，提供数据库级别的空间计算引擎。

（2）分布式时空数据库：用于存储大量带坐标的时序数据，支持分布式空间索引和空间算子。

其他无特殊需求的存储和计算要求，将遵循现有标准执行。

8.3　DaaS 层标准规范

PGIS 多维平台的 DaaS 层主要参照公安大数据相应层次的标准规范进行编制，在数据接入、数据治理、数据处理、数据组织、数据服务等环节，逐一细化对空间地理信息的技术要求，以及建立空间地理数据特有的技术规范。

DaaS标准规范分为空间数据接入、空间数据组织、空间数据治理、空间数据处理、空间数据应用管理服务、数据管理服务、空间数据分析计算等。

数据资源组织规范包括原始库、资源库、业务库、主题库和知识库五个部分，主要包含矢量地图数据、卫星影像数据、三维数据、全景数据、路网数据、路况数据、实时位置等地理数据以及标准地址数据、警员警车定位数据、案事件数据、人口数据、房屋数据和适配监控数据等业务时空数据方面的规范和内容。

8.4 SaaS层标准规范

PGIS多维平台的SaaS层主要定义和规范业务应用开发的服务支撑内容。明确DaaS数据服务和SaaS功能服务的边界和内容。针对空间地理信息在客户端开发的特殊要求，确定明确的技术规范要求。针对业务系统需要的各项功能服务，按照是否与特定警种业务相关进行分类，实现共性服务须统一，个性服务可扩展的目标。

SaaS层主要包括PGIS地图门户、运维管理、服务管理、数据资源管理和多维开发者服务中心（多维开发SDK、多维WEB API、多维URI API）等方面的规范和要求。

对于网络标准和安全标准，以及相关的管理规范，如数据分级分类、日志审计、数据鉴权、网络加密、用户访问等，将全部遵循公安大数据平台标准执行，除有特殊要求之外，不再单独制定标准。

8.5 业务服务接入规范

外部业务在接入PGIS多维平台的服务时，需要遵循PGIS业务服务接入规范。PGIS接入规范分为四个部分，分别是开发者中心、应用服务平台、资源管理平台和权限管理平台。具体如图8-5-1所示。

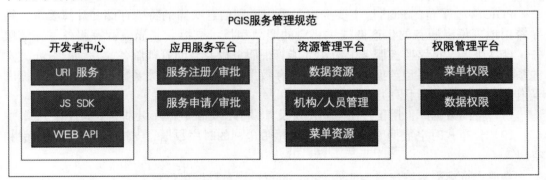

图8-5-1 PGIS业务服务接入规范

（1）开发者中心对PGIS的服务目录、服务方式和服务内容等规范做了详细说明，服务方式包括三种：URI服务、JS SDK、WEB API，分别是页面服务规范、前端接口服务规范和深度定制接口服务规范。

（2）应用服务平台规定了 PGIS 多维平台提供服务的标准，包括服务的注册、发布和管理，保障 PGIS 服务规范有序。使用者必须遵照应用服务要求才能进行 PGIS 服务的申请，才能通过审批流程获得需要的支撑业务的地理信息服务。

（3）资源管理规范主要通过资源管理平台实现，它对整个 PGIS 相关的机构、人员、功能菜单和数据等基础信息进行规范管理，同时也为权限管理平台提供功能菜单、组织机构、人员等基本信息。

（4）接入安全管理规范通过权限管理平台实现，它需要对 PGIS 平台所涉及的公安数据权限、功能菜单权限按照安全管理需求进行相应的配置管理。

第 *9* 章

关键技术要求

9.1　二、三维兼容性要求

9.1.1　数据兼容性要求

已建的各类 PGIS 二维数据可以直接在二、三维一体化应用上使用。二维与三维数据在数据模型和数据结构上保持一体化，三维 GIS 数据要兼容二维数据结构，实现了所有的二维数据无须任何转换处理直接高性能地在三维场景中的可视化展示。

9.1.2　API 接口兼容性要求

二、三维一体化应用系统与现有的 PGIS 二维地图服务兼容，提供的 API 要与现有 API 接口保持一致，避免已建的应用系统无法直接使用三维功能，使 PGIS 平台支持全景、三维等多元地图的发布、展示和空间分析能力。

9.1.3　三维基础平台兼容性要求

二、三维一化体应用系统需要对主流的三维平台 Supermap、Skyline、Arcgis 等服务兼容，需要提供基于 webGL 的 API，同时可以支持后期扩展，支持二次开发。

9.1.4　浏览器兼容性要求

二、三维一化体应用系统采用 WEBGL 技术，目前浏览器各版本对 WEBGL 的支持见表 9-1-1 所列。

表9-1-1　各浏览器对WEBGL的支持情况

序号	浏览器名称	最低版本号
1	IE	11
2	Edge	15
3	Firefox	56
4	Chrome	61
5	Opera	48

9.2　二、三维呈现方式要求

二、三维一体化应用需兼容PGIS平台现有发布的HTML5地图服务，所提供各类服务都需在PGIS应用服务中对外提供，已调用HTML5地图服务开发的应用各类，不需要进行重复开发（只需要做服务地址的重新配置）就可以实现对三维地图的调用。同时，PGIS二期开发的数据维护平台及9个应用系统只需要完成修改地图服务配置就可以实现三维地图应用，新建设应用系统可按原来调用HTML5地图服务方式进行调用开发。

9.3　信息安全要求

数据要严格按照公安相关原则进行存储和管理，数据要有良好的备份与恢复机制，保证数据不会被丢失。数据在网络上传输时，需要对数据进行加密，以保证数据的安全。

9.3.1　场地要求

施工场地必须经过许可后才能入场，数据建设的施工场地必须单独设置独立且严密的物理隔离的办公区域，以保证数据安全。

施工场地有足够的设备安装空间，其中包括计算机主机、网络连接设备等。场地的地面为防静电材料，并配有火灾防范措施。场地电压稳定，波动幅度小于5%。为保证设备性能和使用寿命，场地温度维持在20～35℃。处理数据的场地必须安装防盗设施、密码设施及防火设施等。

9.3.2　数据安全

所有数据集中在数据加工处理单位已建的专用数据存储设备上进行存放，由专人保管密码及钥匙，同时配备相应的备份和恢复措施。

9.3.3　网络安全

所使用的数据处理终端设备不能连接到其他网络中，以免数据被非法修改和复制。

9.3.4 介质安全

必须定期以光盘、硬盘等存储介质对建成的地理数据进行备份。数据加工处理单位将数据存放在指定地点并由专人管理，对于重要的介质保存多份。

9.4 管理机制要求

建立安全管理机制。办公系统安全服务、管理机制要对人员、资料、存储介质进管理，对使用、操作、处理、传输等行为要做好登记，掌控系统、数据、应用等的所有流转过程，保证系统、数据、应用等始终在安全系统中。

9.5 质量控制要求

在实施过程中，要对整个数据处理的过程进行全方位的质量控制，质量控制主要通过质量检查手段来实现。

建设过程中需要提供一套管理、技术两个方面的控制策略。质量检查按照以下数据处理过程依次进行。

1. 原图的检查

原图的检查主要包括地物构面是否完整、对象图层是否规则、属性字段是否准确、注记名称是否正确。

2. 地图编制后检查

主要检查在数据整理过程中，是否存在数据损失、数据变化和数据冗余的现象，同时检查缩编后的图面是否简洁、美观。

3. 入库前的数据检查

在对数据损失、数据变化等与原图有关的检查项处理完成后，要对要素本身进行合法性检查，为数据入库做好准备。

对内容的检查一般要根据图幅数量、复杂程度来确定最高的错误个数。错误率不超过5%，发现的错误由检查人员修改，超过这个错误率须返回到原始数据进行更正。

4. 入库后的检查

数据入库完成后，要从数据资料的完整性管理及终端软件两方面进行检查。

（1）数据库的检查

数据库结构的检查：对每一张表的内容参照技术设计书的相应内容进行严格检查，每个字段是否和标准的一致，包括类型、长度、名称等。

数据内容的检查：利用程序手段对每个字段的内容是否和数据入库前保持一致进行检查。人工抽查30%的地图成果，核查电子地图图面的要素是否有代码错误、图层错误、面域错误等问题。

（2）管理及数据处理软件自检

利用专业的软件监测手段对数据处理软件的正确性、容错性、运行速度等方面进行检查。

9.6　地图质量要求

9.6.1　数据属性及入库

更新的数据必须符合空间数据库的要求，严格将数据进行分层分类，每类要素的数据属性结构必须符合GA/T 491—2004《城市警用地理信息分类与代码》。

入库的数据必须实现省、市两级数据库的同步，入库遗漏率不低于合格原始数据的0.3‰。

9.6.2　数据精度要求

处理后的数据必须具有延续性，数据精度、现势性应不低于PGIS二期已建数据的精度、现势性或优于PGIS已建数据。

9.6.3　更新频率要求

根据数据获取情况，每年更新次数不低于2次，并实现省、市两级地图同步。

第 *10* 章

警用空间数据服务技术要求

PGIS 系统基于面向服务架构（SOA），可以通过 Web 服务实现平台无关性的远程访问和服务调用，在不改变原有应用系统的情况下实现系统之间的交互和资源共享。在面向服务的架构下，服务提供者（或数据提供者）提供的服务或数据源，只要设计一次，就可以被其他所有应用系统所利用，避免了对每个其他应用系统都要设计一次的麻烦。新的服务或数据源加入 SOA 体系时，对其他应用系统不产生任何影响，所以，随着业务发展，公安机关可以很方便地加入新的服务或数据源，构建新的数据仓库或应用系统。

10.1　图层共享服务

在基于服务总线的统一调用技术的支撑下，各图层服务首先到信息资源服务总线中进行注册，其注册信息会被记录到服务目录中去。然后用户和应用系统只需要连接到信息资源服务总线，便可通过服务目录查询到系统所有的图层服务，实现直接调用。信息资源服务总线可以将用户发送的调用请求转发给实际的服务提供方，完成实际的服务请求。信息资源服务总线在连接到这些图层资源后，可以直接应用系统与服务进行数据交换与共享。由于传输的数据量巨大，其数据传输方式以流式传输为主，传输格式可以为大的文本文件，也可以是二进制格式的 BLOB 文件。

10.2　空间分析服务

支持二、三维一体化场景下的空间数据分析能力，在兼容原有二维场景下的数据查询、叠加、标注、标绘功能的基础上，至少支持以下四类三维空间分析服务能力。

1. 可视域分析

支持在三维场景中，任意选择某一观察点，分析观察所覆盖的区域，查找给定的范围内观察点所能通视覆盖的区域，分析的结果通过自定义颜色进行区分，如绿色代表可见，红色代表不可见。

2. 淹没分析

支持在三维场景下根据用户设置的模型最大高度、水流高度、淹没速度等数据，对模型淹没程度进行自动分析，得出洪水淹没分析的结果，实现各个时刻的洪水淹没演进过程和周边场景的动态模拟。如设置雨量、淹没速度（每秒淹没的高度）、设置速度（每秒流量）计算出流入的体量，输出淹没范围、淹没体积、淹没效果以及淹没情况智能预判等分析结果。

3. 通视分析

支持三维场景下地形上任意两点之间是否互相可见的分析判断，实现在三维场景中，以某一点位观察点，分析某一区域通视情况。通过DEM数据判断模型上任意两点之间是否互相可见。通视分析的结果通过自定义颜色进行区分，如绿色代表可见，红色代表不可见。

4. 二、三维可视化量算

支持根据三维模型和DEM进行测距、测面、测高、测体积的量算能力。

10.3 动态识别服务

依托警用空间数据智能更新技术，基于深度域适配网络的遥感影像目标对象分割提取及动态变化分析方法，提供空间要素动态变化识别服务。该服务至少包含以下服务能力。

（1）支持对指定遥感影像数据中的地理信息要素进行自动提取，能够自动将栅格化的数据中的建筑面、道路面等要素进行识别，并转化为分类别、可计算的矢量成果。

（2）支持多时相影像数据的变化对比检测、自动输出变化的区域及变化要素类别。

（3）支持将其他来源的矢量地图数据与PGIS已建矢量地图数据的自动对比，自动分析出更新区域，并实现新数据与已建数据位置精度的自动匹配、纠偏和更新服务。

10.4 动态轨迹服务

动态轨迹服务实现对具备定位功能的警用移动设备位置信息的统一接入、存储、分发和订阅服务。警力定位服务具备以下功能。

（1）支持多源信息接入：支持对接入网关及其他消息分发节点等多源定位信息的统一接入。

（2）支持标识转换：对接入的多源警力定位信息的唯一标识进行统一编码转换。

（3）支持定位资源管理：支持对定位设备资源的注册、修改、查询、访问授权和数据统计，并提供定位资源目录获取功能。

（4）支持定位信息转发：支持对警力定位信息的实时转发。

（5）支持定位信息订阅和分发：按照订阅需求对统一接入的定位信息进行实时分发，支持组织机构代码、设备ID等订阅方式，支持多个客户端的同时订阅与分发。

（6）支持轨迹查询：可查询指定设备在指定时段的轨迹信息。服务通过定位设备实时位置报文信息，实现定位设备实时空间位置定位及设备历史行驶轨迹查询，进而确认警力分布及警力值班巡逻路线等情况。

10.5　辖区定位服务

提供警务辖区数据的定位和查询服务，通过读取采集的辖区数据，经过转换处理实现公安局、公安分局、派出所管辖区域等在地图上的快速定位和可视化展示。具体功能如下。

（1）辖区简图：根据所属上级辖区、辖区级别等指定条件，生成辖区简图，以坐标序列方式返回。

（2）辖区定位：指定坐标返回辖区名称及范围。

（3）辖区检索：根据输入内容检索辖区简图。

（4）操作流程：移动鼠标选中某个机构名称后，系统自动将该机构的辖区在地图上标示出来，并自动居中显示。

我们可以根据辖区层级结构，快速选择某个辖区，直接操控地图，显示辖区所在地，并可选择可以显示辖区边界范围。

支持定位到任选一个辖区层级如分局、派出所，展示辖区所辖边界范围，并查看辖区内实有人口、关注人员、流动人口数量等分类专题信息。

10.6　静态轨迹服务

静态轨迹服务提供轨迹查询能力，实现公安管理车辆/人员等运动物体的轨迹行为。通过对实时上传的轨迹点的计算和分析，来实现对公安管理车辆/人员等的轨迹行为管理，提供完整、高性能的轨迹管理功能。其主要功能包括服务的创建、查询、更新和删除，实例的创建、查询、更新和删除、上传单个轨迹点、批量上传轨迹点、轨迹查询。

（1）支持公安车辆管理：通过公安车辆硬件设备实时上传轨迹点，将其轨迹点信息上传到轨迹服务的服务器，通过对轨迹点的分析和查询，可以获取在某段时间内公安车辆的行驶轨迹，用于对公安车辆行为的管理和分析。

（2）支持公安人员管理：通过公安人员可穿戴设备上传轨迹点，将其轨迹点信息上传到轨迹服务的服务器，通过对轨迹点的分析和查询，可以获取该人员的行为轨迹，用于对公安人员行为的管理和分析。

（3）支持个人轨迹查询：通过汇总旅店入住信息、网吧上网信息、民航值机、离港信息、火车乘车信息、车辆卡口同行轨迹信息、人员迁徙信息等数据所形成的离散和连续的轨迹信息，建立个人完整的时空轨迹上图展现。

10.7　全文检索服务

全文检索服务提供多种场景的地点（POI）、线、面数据检索功能。开发者可通过接口获取地点线、面数据的详细地理信息。服务综合利用基础地理信息与业务地理信息，提供方便快捷的属性与空间查询功能。该服务对PGIS空间资源库数据进行查询检索服务，提供图层组、图层、条件筛选等检索查询模式。它具有以下功能。

（1）支持关键字搜索：应提供要素名称、别名、分类、拼音、拼音首字母等关键字搜索功能，能对关键字进行分词，支持同义词、错别字、同音字、全角与半角兼容等关键字纠错功能。

（2）支持关键字提示：应提供关键字的快速提示功能，供用户在输入过程中快速选择。

（3）支持空间搜索：应支持在地图上选择一定的范围进行查询，支持圆形、方形以及多边形等方式，支持周边查询与指定区域查询组合搜索，支持多个关键字与空间过滤条件的组合搜索。

10.8　标准地址匹配服务

标准地址匹配服务是一类WEB API接口服务；它具有将结构化地址数据（如北京市海淀区上地十街十号）转换为对应坐标点（经纬度）的功能，也支持将坐标点（经纬度）转换为对应位置信息（如所在行政区划、周边地标点分布）的功能。

地址匹配将文字性的描述地址与其空间的地理位置坐标建立起对应关系，包括正向匹配、逆向匹配。

正向匹配：根据业务数据的文字信息，在标准地址数据库中搜索和匹配相对应的标准地址信息，实现业务数据的地图上图展示。

逆向匹配：通过地图标记业务数据的空间位置，匹配与该位置距离最近的地址信息，实现业务数据的关联上图。

用户通过该功能，将结构化地址（省/市/区/街道/门牌号）解析为对应的位置坐标。地址结构越完整，地址内容越准确，解析的坐标精度越高。

用户可通过该功能，将位置坐标解析成对应的行政区划数据以及周边高权重地标地点分布情况，整体描述坐标所在的位置。

10.9　动态热力图服务

基于空间覆盖密度实现公安业务要素的覆盖区域展示，根据空间坐标、地图级别、警务要素进行业务热点的分析计算。通过热力分析，对上图数据进行热区分布展示，同时根据时间粒度进行热力分布变换动态推演。掌握时间段内空间数据密集度区域迁移及变更情况。

地图上使用不同颜色的区块叠加在地图上，一般使用红色等暖色系突出显示与地理位置相关的数据活动发生的高密度或高聚集区域，使用蓝色等冷色系显示相对低密度的区域。动态热力图具有以下作用。

（1）它支持数据密度热力分析，用于分析展示某类数据随时间变化带来的空间分布变化。

（2）它可用于表达案件热力图，用于警情、案事件等数据随时间变化的空间分布。

（3）它支持人流分析，常用于展示人流密度随时间变化的空间分布。

（4）它支持感知源选址辅助决策、民警巡逻路线制定等。

业务步骤要求如下。

（1）用户在动态热力图组件中选择要分析的图层，如人口、警情，以及时间范围。

（2）动态热力图组件调用动态热力分析服务，获取热力分布分析结果，同时根据时间范围渲染时间动画控件。

（3）用户操控时间动画控件完成动态热力图的推演播放。

（4）用户可以在动态热力图上同时叠加其他的图层数据，进行多图层比对分析，支持感知源选址辅助决策、民警巡逻路线制定等。

10.10　层户结构服务

层户结构页面是以可视化方式体现人、房关系。利用标准地址、实有人口、实有房屋及相关关联数据为基础构建PGIS平台层户结构。它以可视化的界面实现以人查房、以房查人的目的。

第 *11* 章

模型建设要求

11.1 缓冲区分析

缓冲区分析针对点、线、面实体，自动建立起周围一定宽度范围以内的缓冲区多边形。缓冲区的产生支持三种情况：一是基于点要素的缓冲区，以点为圆心、以一定距离为半径的圆；二是基于线要素的缓冲区，通常是以线为中心轴线，距中心轴线一定距离的平行条带多边形；三是基于面要素多边形边界的缓冲区，向外或向内扩展一定距离以生成新的多边形。

公安业务中可以通过定位特定目标的点位、移动线路或者活动范围，结合其他因素如目标的移动速度、时间等，在缓冲区分析模型的基础上可以动态地对其可能到达的区域范围进行判定、实时刷新并在地图上动态呈现，据此不断提供信息给民警辅助决策。

要求模型最终能够支撑业务需求，例如：拦截布控的通道信息，路口自动生成；追踪排查的范围锁定；活动安保。

11.2 空间网络分析

空间网络分析模型能够支持以下功能。

1. 路径分析

（1）静态求最佳路径。确定权值关系后，即给定每条弧段的属性，当需求最佳路径时，读出路径的相关属性，求最佳路径。

（2）N条最佳路径分析。确定起点、终点，求代价较小的几条路径，因为在实践中往往仅求出最佳路径并不能满足要求，可能因为某种因素不走最佳路径，而走近似最佳路径。

（3）最短路径。确定起点、终点和所要经过的中间点、中间连线，求最佳路径。

（4）动态最佳路径分析。网络分析中权值是随着权值关系式变化的，而且可能会临时出现一些障碍点，所以往往需要动态地计算最佳路径。

2. 地址匹配

模型要能够支持多种业务场景，例如导航、地址匹配、资源分配等。

11.3　空间叠加分析

叠加分析将两层或多层地图要素进行叠加产生一个新要素层的操作，其结果将原来要素通过分割或合并等生成新的要素，新要素综合了原来两层或多层要素所具有的属性。叠加分析不仅包含空间关系的比较，还包含属性关系的比较。

1. 点与多边形叠加

点与多边形叠加，实际上是计算多边形对点的包含关系。叠加的结果是为每点产生一个新的属性。通过叠加可以计算出每个多边形类型里有多少个点，以及这些点的属性信息。

2. 线与多边形叠加

将线状地物层和多边形图层相叠，比较线坐标与多边形坐标的关系，以确定每条弧段落在哪个多边形内，多边形内的新弧段以及多边形的其他信息。

3. 多边形叠加

这个过程是将两个或多个多边形图层进行叠加产生一个新多边形图层的操作，其结果将原来多边形要素分割成新要素。新要素综合了原来两层或多层的属性，一般有三种多边形叠置。

（1）多边形之和（UNION）：输出保留了两个输入的所有多边形。

（2）多边形之交（INTERSECT）：输出保留了两个输入的共同覆盖区域。

（3）多边形叠合（IDENTITY）：以一个输入的边界为准，而将另一个多边形与之相匹配，输出内容是第一个多边形区域内两个输入层所有多边形。

要求模型支持多种业务场景，例如专题图叠加、三维叠加分析、警力投向和报警案件对比叠加分析、栅格图层叠加。

11.4　空间聚类分析

空间聚类是指将空间数据集中的对象分成由相似对象组成的类。同类中的对象间具有较高的相似度，而不同类中的对象间差异较大。空间聚类分析的对象是空间数据，由于空间数据具有空间实体的位置、大小、形状、方位及几何拓扑关系等信息，使得空间数据的存储结构和表现形式比传统事务型数据更为复杂。故要求空间聚类算法具有高效率，能处理各种复杂形状的簇。空间聚类分析可支持以下方法。

（1）基于密度的聚类：包括但不限于 DBSCAN、HDBSCAN、OPTICS。

（2）基于距离的聚类：包括但不限于 K-Means、KNN。

现实要求空间聚类模型支持多种业务场景，例如特定人群移动轨迹相似度对比分析，结合动态热力图展现犯罪案件区域分布特征。

11.5　空间查询

空间查询支持图形与属性互查，满足两种类型的查询方式。第一类是按属性信息的要求来查询定位空间位置，即是"属性查图形"。类似非空间的关系数据库的 SQL 查询，查询到结果后，再利用图形和属性的对应关系，进一步在图上用指定的显示方式将结果定位绘出。第二类是根据对象的空间位置查询有关属性信息，称为"图形查属性"。该查询通常分为两步：首先借助空间索引，在地理信息系统数据库中快速检索出被选空间实体；其次，根据空间实体与属性的连接关系即可得到所查询空间实体的属性列表。

空间查询方式主要有以下几种。

（1）基于空间关系查询。

（2）基于空间关系和属性特征查询。

（3）地址匹配查询。

第三部分

PGIS 应用拓展技术介绍

第 *12* 章

PGIS开发者中心通用技术介绍

12.1　范围

本部分规定了公安PGIS开发者中心系统架构、功能等技术要求。

本部分适用于各级公安对二次开发的应用开发商提供基于PGIS的技术支持。

12.2　概述

开发者中心面向基于PGIS进行二次开发的应用开发商提供良好的技术支持，便于接入地图开发人员与地图提供者进行理解和交流，可以作为第三方接入地图服务开发工作的基础和依据。如图12-2-1所示为一站式警用时空应用开发平台。

图12-2-1　一站式警用时空应用开发平台

12.3 系统架构和功能组成

此开发者中心主要包含首页、开发支持、应用范例等功能模块，如图12-3-1所示。

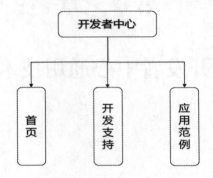

图12-3-1 开发者中心模块构成

首页功能包括开放者中心能力介绍、动态内容、模块入口等。

开发支持功能包括快速入门、API文档、API示例、二次开发SDK。

应用范例功能包含案例集锦。

12.4 系统功能要求

12.4.1 开发者中心首页

1. 开发者中心能力介绍

功能应提供PGIS平台的服务能力支持与帮助，作为一站式警用时空应用开发平台。

2. 动态内容

动态内容通过对接PGIS平台服务管理系统的服务总线，能够动态地展示平台的服务和服务接口介绍等内容。每个服务提供说明简介、使用场景介绍、使用说明。其中，使用说明分为API说明、示例说明以及帮助说明，同时也支持示例代码的拷贝复用。

3. 模块入口

各功能模块入口支持前往开发支持、应用示例、时空数据服务模块的快速链接入口。

12.4.2 开发支持

1. 快速入门

快速入门应支持二维和三维地图快速接入API使用方式。

2. API文档

API文档应详细、清晰地描述PGIS对外提供接口的能力，如地图接口、数据接口、高级接口说明，并在此文档基础上便于第三方较快地接入地图服务，同时也是作为地图服务后期维护时的重要参考文档之一。

3. API 示例

API示例对PGIS相关API接口或服务提供相应的代码及示例，以实现快速开发的效果，支持分别基于OpenLayers、Mapbox、Cesium的GIS有关API代码示例。

API接口应包含基础地图、操作控件、覆盖物、空间计算、事件、可视化、空间分析、高级接口、数据资源等内容。

4. 二次开发 SDK

二次开发SDK应包括多个版本，如Javascript SDK、Android SDK等。每个SDK提供相关API、接口说明、开发示例以及开发组件等内容。

12.4.3　应用范例

案例集锦应对常见功能提供体验良好的各种案例，帮助第三方开发者拓展地图使用思路，快速实现基于地图的产品。

12.4.4　PGIS API 说明

12.4.4.1　地图接口

功能描述：初始化加载基本地图功能。

接口分类：可视化接口。

接口方法：initMap（divId，options）。

接口返回：返回地图引擎的Map对象。

传入参数：见表12-4-1所列。

表 12-4-1　传入参数

参数	类型	是否必须	说明
DivId	String	是	地图容器ID
Options	Object	是	地图设置，见Options参数

options参数：

{

//初始化地图中心点，三维模式z有效，z(高度)有值，zoom失效，默认成都(非必需)，

center:[x,y,z],

//初始化地图缩放等级，默认14级(非必需)

zoom:14,

// 是否显示导航条，默认false(非必需)

navigation:true,

scalebar:true, //是否显示比例尺控件

//分配的key(接入方需要申请)(必需)

appKey:",

//用户,接入方需要申请)(必需)

appUserId:",

// 二维三维模式值('3D/2D',默认 2D)(非必需) 3D 模式时,地图初始化后会添加地形和模型数据。

modelView: '2D',

//在 SDK 配置文件中配置的自定义地图类型,默认 image(非必需)如 'image' 影像" vector":矢量

//可通过地图元数据服务中的【获取地图类型接口】获取配置的地图类型

basemap:'image'//默认 basemap 为'image',

callback: callback //地图加载成功后的回调

}

示例代码:

```
var fmap= new FMap( );
var options = {
center: [102.5054499, 35.19409, 100000],//中心点坐标
zoom: 10,//初始化地图等级
mapType: 'Imagery',//地图类型,
navigation:true,//导航
scalebar:false,
userId:'admin',
Key:'89537038b1bd496ab88881db9b3e9729' //权限
};
 var view = fmap.initMap('mapID', options);
```

12.4.4.2　接收自定义地图对象并初始化

功能描述:接入方可自己传入地图引擎 View 对象,从而实现 PGIS-SDK 和接入方地图功能的融合。

接口分类:可视化接口。

接口方法:initByMap(options,object)。

返回结果:无。

传入参数:见表 12-4-2 所列。

表 12-4-2　传入参数

参数	类型	是否必须	说明
Options	Object	是	见 Options 参数
Object	Object	是	地图引擎原生 API 中的地图对象,Openlayers 为 Map 对象,Cesium 为 View 对象

options参数：

{

//分配的key（接入方需要申请）（必需）

key:'89537038b1bd496ab88881db9b3e9729',

//用户（接入方需要申请）（必需）

userId:"

}

示例代码：

var fmap= new FMap（）；

var obj = {};//原生 API 地图实例

var options={

//分配的key（必需）（接入方需要申请）

appKey:'89537038b1bd496ab88881db9b3e9729',

//用户（必需）（接入方需要申请）

userId:"

}

fmap.initByMap（options,obj）；

12.4.4.3　切换地图配图方案

功能描述:底图配图切换。

接口分类:可视化接口。

接口方法:changeBasemap（name）。

返回结果:无。

传入参数:见表12-4-3所列。

表 12-4-3　传入参数

参数	类型	是否必须	说明
Name	String	是	地图类型: "vector" 矢量 "image" 影像 ...: 支持根据配置文件自定义底图方案,可通过【获取地图配图方案】获取所有的方案

示例代码：

//var fmap= new FMap（）；系统只初始化一次

fmap.changeBasemap（'vector'）；

12.4.4.4　获取地图配图方案

功能描述:获取所有的地图配图方案,供地图切换功能使用。

接口分类:可视化接口。

接口方法:getBasemap()。

传入参数:无。

接口返回:地图服务列表,从配置文件中读取底图信息。

[{"name":"vector","label":"天地图矢量","imgurl":""},

{"name":"image","label":"天地图影像","imgurl":""},

{"name":"nightMap","label":"夜色图","imgurl":""},

{"name":"googleYX","label":"谷歌影像","imgurl":""}]

示例代码:

//var fmap= new FMap();系统只初始化一次

var result=fmap.getBasemap();

12.4.4.5 设置二、三维模式

功能描述:设置二、三维模式功能。切换到三维模式,系统自动添加地形和模型数据;切换到二维模式,系统不加载地形和模型。

接口分类:可视化接口。

接口方法:changeView(viewType)。

返回结果:无。

传入参数:见表12-4-4所列。

表12-4-4 传入参数

参数	类型	是否必须	说明
viewType	String	是	模式: 2D 二维模式 3D 三维模式 2.5D 2.5维模式

示例代码:

//var fmap= new FMap();系统只初始化一次

fmap.changeView('2D');//2D:二维,3D:三维

12.4.4.6 添加地形

功能描述:添加地形功能,三维有效。

接口分类:可视化接口。

接口方法:addTerrain()。

传入参数:无。

返回结果:无。

示例代码:

//var fmap= new FMap();系统只初始化一次

fmap.addTerrain();

12.4.4.7 移除地形

功能描述:移除地形功能,三维有效。

接口分类:可视化接口。

接口方法:removeTerrain()。

传入参数:无。

返回结果:无。

示例代码:

//var fmap= new FMap();系统只初始化一次

fmap.removeTerrain();

12.4.4.8 添加三维切片数据

功能描述:添加三维切片功能,三维有效。

接口分类:可视化接口。

接口方法:add3DTiles()。

传入参数:无。

返回结果:无。

示例代码:

//var fmap= new FMap();系统只初始化一次

fmap.add3DTile();

12.4.4.9 移除三维切片数据

功能描述:移除三维切片数据功能,三维有效。

接口分类:可视化接口。

接口方法:remove3DTile()。

传入参数:无。

返回结果:无。

示例代码:

//var fmap= new FMap();系统只初始化一次

fmap.remove3DTile();

12.4.4.10 设置地图位置

功能描述:改变地图位置,包括设置地图中心、缩放级别、观察角度、位置切换动画效果等。

接口分类:可视化接口。

接口方法:setMapLocation(options)。

返回结果:无。

传入参数:无。

返回结果:无。

示例代码:

//var fmap= new FMap();系统只初始化一次

```
 var options={
center:[103.3,31.3,0], //地图中心点坐标,如果有z值,则zoom值无效
zoom:13,//地图缩放级别,默认13(非必须)
heading:30,//地图观察者的方位角,角度值,默认0(非必须)
pitch:45,//地图观察者的俯仰角,角度值,默认0(非必须)
duration:2000 //移动时长,毫秒(非必须)地图由原来的静止位置切换到目标位置的持
```
续时间。默认为0
```
 };
fmap.setMapLocation(options);
```

12.4.4.11 获取地图位置

功能描述:改变地图位置信息,包括设置地图中心、缩放级别、观察角度等。

接口分类:可视化接口。

接口方法:getMapLocation()。

传入参数:无。

接口返回:地图位置信息

```
{
center:[103.3,31.3], //地图中心点坐标
zoom:13,//地图缩放级别
heading:0,//地图观察者的方位角,角度值
pitch:0//地图观察者的俯仰角,角度值
}
```

示例代码:

```
//var fmap= new FMap();系统只初始化一次
//返回结果
var result= fmap.getMapLocation();
```

12.4.4.12 地图坐标转屏幕坐标

功能描述:地图坐标转屏幕坐标功能。

接口分类:数据接口。

接口方法:getPixelByLonLat (lonlat)。

传入参数:见表12-4-5所列。

表12-4-5 传入参数

参数	类型	是否必须	说明
Lonlat	Array	是	地理坐标 [x,y]

接口返回：

{

x：288223.5181733852//X 像素

y：1736772.1034632598//Y 像素

}

示例代码：

//var fmap= new FMap（）；系统只初始化一次

var position = fmap.getPixelByLonLat（[103.3，31.3]）；

console.log（position）

12.4.4.13　屏幕坐标转地图坐标

功能描述：屏幕坐标转地图坐标功能。

接口分类：数据接口。

接口方法：getLonLatByPixel（pixel）。

传入参数：见表 12-4-6 所列。

表 12-4-6　传入参数

参数	类型	是否必须	说明
Pixel	Array	是	屏幕像素[x，y]

返回结果：

{

x：100.5142//X

y：31//Y

z：792833.97//高度，三维模式

}

示例代码：

//var fmap= new FMap（）；系统只初始化一次

var position = fmap.getLonLatByPixel（[44.4879，962.143]）；

console.log（position）

12.4.4.14　获取可视域包络框

功能描述：获取可视域包络框功能。

接口分类：数据接口。

接口方法：getViewPort（）。

传入参数：无。

接口返回：

//返回可视域范围左上角右下角坐标。

[[102.77542117897019，31.152929037285574]，[103.22457882102984，30.847070962714408]]

示例代码：

//var fmap= new FMap（）；系统只初始化一次

var position = fmap.getViewPort();

console.log(position)

12.4.4.15 设置可视域包络框

功能描述:设置可视域包络框功能。

接口分类:可视化接口。

接口方法:setViewPort(geoArray)。

传入参数:见表12-4-7所列。

表12-4-7 传入参数

参数	类型	是否必须	说明
geoArray	Array	是	包络框左上角、右下角经纬度 $[[x_1，y_1]，[x_2，y_2]]$

接口返回:无。

示例代码:

//var fmap= new FMap();系统只初始化一次

var lonlat = [[102.775421，30.847]，[103.224，31.1529]];

fmap.setViewPort(lonlat);

12.4.4.16 弹出气泡框

功能描述:弹出自定义气泡框功能。

接口分类:可视化接口。

接口方法:openInfoWindow(options,callback)。

传入参数:见表12-4-8所列。

表12-4-8 传入参数

参数	类型	是否必须	说明
Options	Object	是	见Options参数
Callback	Function	否	手动关闭气泡框回调方法 (obj)=>{}

options参数:

{

uuid:"",//不传入时,会默认生成

//显示位置(必须)

coordinate:[x,y,z],

//标题(非必须)

popupTitle: ""

//内容(必须)

popupContent:"",

//关闭其他气泡框默认true(非必须)

```
closeOthers：true，
//是否显示标题 true/false，默认 false（非必须）
showTitle：true，
//是否显示窗体下方位置指示 true/false，默认 false（非必须）
showBottom：true，
//默认[0,0]偏移量像素（非必须）
offset：[x,y]，
//自定义业务对象
custom：{

    }
}
```

接口返回：
```
//返回弹出气泡框对应的 UUID
'4d189fe7-a9ca-281e-fdf8-223793f90ded'
```
回调参数 obj：
```
{
uuid：'4d189fe7-a9ca-281e-fdf8-223793f90ded'，
//
custom：{
    }
}
```
示例代码：
```
//var fmap= new FMap()；系统只初始化一次
var options = {
coordinate：[104.08，30.57]，//气泡框弹出位置经纬度
popupTitle："气泡框 Title"，
popupContent："<div>气泡框展示内容</div>"，//html 代码片段
closeOthers：true//是否关闭其他气泡框 true 是，false 否
showTitle：false// true：不显示标题，底，false 显示
offset：[x,y]//偏移量
};
fmap.openInfoWindow（options）；
```
12.4.4.17　根据图形定位
功能描述：根据图形定位功能。
接口分类：可视化接口。

接口方法：locateByGraphic（geojson）。

传入参数：见表12-4-9所列。

表12-4-9　传入参数

参数	类型	是否必须	说明
Geojson	GeoJSON	是	图形坐标集

返回结果：无。

示例代码：

```
var fmap= new FMap（）；
var GeoJSON = {
geometry：{
type："LineString",
coordinates：[
[100.276,31.457,0],//[x,y,z]
[100.498,31.450,0],
[100.515,31.624,0],
[100.605,31.326,0]
]
}
type："Feature"
}；
```

fmap.locateByGraphic（GeoJSON）；//系统会根据一定的逻辑算法,对定位的图形进行buffer缓冲,使图形缩放到地图的合适范围

12.4.4.18　地图进入测量模式

功能描述：地图进入测量模式。

接口分类：可视化接口。

接口方法：activateMeasure（type,closeable,events）。

接口返回：无。

传入参数：见表12-4-10所列。

表12-4-10　传入参数

参数	类型	是否必须	说明
Type	String	是	测量类型： Height 高度 Distance 距离 Area 面积
Closeable	Boolean	否	是否显示关闭按钮，默认 True
Events	Object	否	事件接收单次测量完成后的对象，包括UUID

调用示例：

//开始测量

//var fmap= new FMap()；系统只初始化一次

var type='area ';//面积测量，同时显示周长

fmap.activateMeasure(type,false,function(data){

console.log(data);

});

12.4.4.19 退出测量模式

功能描述：取消测量。当开启地图测量状态时，鼠标状态会改变且可以在地图上进行测量操作，取消操作可以恢复鼠标状态且停止测量操作。在测量的绘制过程中也可以取消。

接口分类：可视化接口。

接口方法：cancelMeasure()。

传入参数：无。

返回结果：无。

回调结果：无。

示例代码：

//var fmap= new FMap()；系统只初始化一次

fmap.cancelMeasure();

12.4.4.20 地图标绘

功能描述：地图进入标绘模式。

接口分类：可视化接口。

接口方法：drawGraphic(type,options,events)。

接口返回：无。

传入参数：见表12-4-11所列。

表12-4-11 代入参数

参数	类型	是否必须	说明
Type	String	是	标绘类型： Marker 点 Arc 弧线 Curve 曲线 Polyline 折线 Point 点 Polygon 多边形 Text 文字 Ellipse 椭圆 Closed Curve 曲线面 Lune 弓形 Sector 扇形 Gathering Place 聚集地 Straight Arrow 直箭头 Attack Arrow 进攻方向

参数	类型	是否必须	说明
Type	String	是	Squad Combat 分队战斗行动 Tailed Squad Combat 分队战斗行动(尾) Fine Arrow 细直箭头 Double Arrow 钳击 Freehand Polygon 自由面 Rectangle 矩形 Circle 圆 Tailedattack Arrow 进攻方向（尾） Freehand Line 自由线 Assault Direction 突击方向 Right Arrow 直角箭头 Rectangular Texture 矩形贴图（预留）
Options	Object	否	标绘参数，具体见示例代码 Options
Events	Object	否	可注册多个事件，见回调事件组对象

回调事件组对象：

```
{
//注册点击标绘对象时的事件
click:(result)=>{


}
//注册标绘图形发生变化(被编辑修改)的响应事件
change:(result)=>{
},
//注册完成标绘图形的编辑操作时的响应事件(编辑图形,控制点消失回调)
stopEdit:(result)=>{


},
//注册绘制标绘对象完成时的响应事件(首次完成标绘回调)
finish:(result)=>{


}
}
```

回调参数 result：
```
//返回对象包括UUID和GeoJSON对象统一的格式
{
geometry:{
```

```
type："LineString",//Point,LineString,Polygon；点,线,多边形标准geojson定义的几何
类型
    coordinates：
    //遵循标准的GeoJSON规范,Point对应的coordinates为一维数组[x,y]
    //LineStringt对应的coordinates为二维数组[[x,y],[x,y]]
    //Polygon对应的coordinates为三维数组[[[x,y],[x,y]]]
    [
    [100.276,31.457,0],//[x,y,z]
    [100.498,31.450,0],
    [100.515,31.624,0],
    [100.605,31.326,0]
    ]
    },

    properties：{
    /**
    geojson的几何类型与drawType类型对应关系：
    Point点图形对应的标绘类型有：marker\point\text\
    LineString线图形对应的标绘类型有：arc\curve\polyline\freehandLine\straightArrow
    Polygon面图形对应的标绘类型有：polygon\ellipse\closedCurve\lune\sector\gathering-
Place\attackArrow\squadCombat\tailedSquadCombat\fineArrow\doubleArrow\freehandPoly-
gon\assaultDirection\rectangle\circle\tailedAttackArrow\rightArrow\rectangularTexture
    */
    drawType："arc",//标绘类型
    controlPoint：
    //point\marker\text三种标绘对应的控制点为一维数组[x,y]
    // 其他类型的标绘对应的控制点为二维数组[[x,y],[x,y]]
    [
    [100.276,31.457,0],
    [100.498,31.450,0],
    [100.515,31.624,0],
    [100.605,31.326,0]
    ],
    radius：10,//当标绘对象为圆时,返回该参数(半径米)
    style：{},//传入的标绘样式设置参数
    measurable：false,
    zIndex：999,//图层的zIndex值,值越大,图层层级越上面默认999
    uuid："069e08e8-40c1-104e-88a2-d3cab383dec9"
    },
```

```
type:"Feature"
}
```
示例代码:
```
//开始
 //var fmap= new FMap(); 系统只初始化一次
var type='polygon';
var options={
style:{
fontFamily:'微软雅黑', //字体(非必须)
fillColor:"rgba(144,255,144,0.5)",//填充色(含透明度),(非必须)
strokeColor:"rgba(0,255,0,1)",//边线颜色(含透明度)(非必须)
strokeWidth:2,//边线宽度(非必须)
strokeDash:16,//虚线间隔大小,值越大间隔越大
radius:5, //point点大小(非必须)
fontSize:30,//文字大小(非必须)
bgColor:"rgba(255,255,255,0.2)",//文字背景颜色(非必须)
customIcon:'', //自定义图标URL地址,当为svg的url路径时,图标颜色可以通过fill-
Color指定
offsetX:0,
offsetY:0,
scale:1, //图片放大的倍数
heading:0,//图标的旋转角度,取值按照顺时针方向,默认为0,角度值。
anchor:[0.5,0.5], //图片锚点位置,默认为[0.5,1]表示锚点在图片正下方
//[0.5,0.5]也是常用的参数(表示锚点在图片正中),可以将图片正中定位到坐标点
draggable:true //是否允许整体拖动图形,默认为false
},
measurable:false,//非必填,是否对标绘图形进行测量,默认false 。如果为true,系统
会自动计算图形长度、面积(含周长),并将测量结果显示在图形重心位置
continuous:false, //非必须,是否支持连续绘制。为true时,画完一个标绘图形后,可
以连续绘制同类图形;为false时,画完一个图形后,需要重新调用drawGraphic方法
zIndex:999//图层的zIndex值,值越大,图层层级越上面默认999
};

 var events={
click:function(result){//注册点击标绘对象时的事件
},
change:function(result){ //注册标绘图形发生变化(被编辑修改)的响应事件
},
```

```
stopEdit:function(result){ //注册完成标绘图形的编辑操作时的响应事件
console.log(result);
 },
  finish:function(result){ //注册绘制标绘对象完成时的响应事件
//业务逻辑实现
//$("input[name='id-removeGraph']").val(feature.uuid);
 }
 };
  fmap.drawGraphic(type,options,events);
```
Style说明：见表12-4-12所列。

表12-4-12　Style说明

参数	图形	文字	自定义图片	说明
fontFamily		√		字体
color		√		字体颜色
bgColor		√		文字背景颜色（含透明度）rgba模式
fontSize		√		字体大小
offsetX		√		文字偏移量，屏幕坐标X的偏移量，默认值为0
offsetY		√		文字偏移量，屏幕坐标Y的偏移量，默认值为0
fillColor	√			图形填充颜色（含透明度）rgba模式
strokeColor	√			图形边线颜色采用rgba模式（含透明度）
strokeWidth	√			图形边线宽度
strokeDash	√			图形边线虚线间隔值，值越大间隔越大 默认为0，表示不显示虚线
radius	√			点的大小
customIcon			√	自定义图标URL地址
height			√	高度
width			√	宽度
scale			√	默认为1，图片放大的倍数
heading			√	图标的旋转角度，取值按照顺时针方向，默认为0，角度值
anchor			√	默认为[0.5,0.5],表示锚点的位置在图片的正中心 [0,0]表示锚点的位置在图片的左上角 [0,0.5]表示锚点的位置在图片的左边正中 [0,1]表示锚点的位置在图片的左下角 [0.5,0]表示锚点的位置在图片的正上方 [0.5,0.5]表示锚点的位置在图片的正中心,常用 [0.5,1]表示锚点的位置在图片的正下方,常用 [1,0]表示锚点的位置在图片的右上角 [1,0.5]表示锚点的位置在图片的右边正中 [1,1]表示锚点的位置在图片的右下角
draggable	√			是否允许整体拖动图形，默认为false
fillImage			√	矩形贴图（图片填充）的URL路径
stretchable			√	贴图是否拉伸，默认False

12.4.4.21 取消标绘

功能描述：取消当前地图绘制操作。

接口分类：可视化接口。

接口方法：cancelDrawGraphic()。

传入参数：无。

接口返回：无。

回调结果：无。

示例代码：

//开始

 //var fmap= new FMap()；系统只初始化一次

fmap.cancelDrawGraphic();

12.4.4.22 创建要素对象

功能描述：在地图创建要素(绘制箭头/文字等)。

接口分类：可视化接口。

接口方法：createGraphic(uuid,geojson,events)。

接口返回：无。

传入参数：见表12-4-13所列。

表12-4-13 传入参数

参数	类型	是否必须	说明
Uuid	String	否	要素 Uuid，为空时会自动生成新 id
Geojson	Object	是	见 Geojson 参数 特殊情况说明——在移动端应用开发中，不能用鼠标交互创建复杂标绘对象 此时传入参数 Geojson 中的 Geometry 属性不用设置，让程序根据 Draw Type 和 Control Point 实时计算 在移动端缺少鼠标交互的情况下，开发者只需要设置控制点和样式即可 当要素对象为圆时，可以只传入半径和一个控制点(圆心)
Events	Object	否	可注册多个事件，见回调事件组对象

geojson参数：

//返回对象包括UUID和GeoJSON对象统一的格式

 {

 geometry：{

 type："Polygon"，//Point,LineString,Polygon；点，线，多边形 geojson类型暂不支持复杂图形(空洞、环岛)

 coordinates：

 //遵循标准的 GeoJSON 规范，Point 对应的 coordinates 为一维数组[x,y]

 //LineStringt 对应的 coordinates 为二维数组[[x,y],[x,y]]

```
//Polygon 对应的 coordinates 为三维数组[[[x,y],[x,y]]]
[
[100.276,31.457,0],//[x,y,z]
[100.498,31.450,0],
[100.515,31.624,0],
[100.605,31.326,0],
…………………………………………………
]
},
properties:{
 /**
drawType 类型有
marker:marker 点,arc:弧线,curve:曲线,polyline:折线,point:点,
polygon:多边形,text:文字,ellipse:椭圆,closedCurve:曲线面,
lune:弓形,sector:扇形,gatheringPlace:聚集地,straightArrow:直箭头,
attackArrow:进攻方向,squadCombat:分队战斗行动,
tailedSquadCombat:分队战斗行动(尾),fineArrow:细直箭头,
doubleArrow:钳击,freehandPolygon:自由面,rectangle:矩形,
circle:圆,tailedAttackArrow:进攻方向(尾),freehandLine:自由线,
assaultDirection:突击方向,rightArrow:直角箭头,rectangularTexture 矩形贴图
*/
 /**
 geojson 的几何类型与 drawType 类型对应关系:
 Point 点图形对应的标绘类型有:marker\point\text
 LineString 线图形对应的标绘类型有:arc\curve\polyline\freehandLine\straightArrow
 Polygon 面图形对应的标绘类型有:polygon\ellipse\closedCurve\lune\sector\gathering-
Place\attackArrow\squadCombat\tailedSquadCombat\fineArrow\doubleArrow\freehandPoly-
gon\assaultDirection\rectangle\circle\tailedAttackArrow\rightArrow\rectangularTexture
 */
 drawType:"circle",//标绘类型  drawType 属性为其他或缺少 drawType 时,表示普通的
点线面上图
 controlPoint:
 //point\marker\text 三种标绘对应的控制点为一维数组[x,y]
 // 其他类型的标绘对应的控制点为二维数组[[x,y],[x,y]]
 [//有控制点时,则表示是标绘要素重新上图
 [100.276,31.457,0],
 [100.498,31.450,0]
 ],
```

radius：1000，//当标绘对象为圆时，传入该参数（半径），控制点中只用传入一个圆心控制点如：[[100.276，31.457，0]]

style：{}，//传入的标绘样式设置参数

measurable：false，

zIndex：999//图层的zIndex值，值越大，图层层级越上面默认999

　}，

　type："Feature"

　}

style参数：

{

　//自定义图标URL地址，当为svg的url路径时，图标颜色可以通过fillColor指定

　customIcon："，

　//填充色采用rgba模式（含透明度）

　fillColor："rgba（144，255，144，0.5）"，

　//边线颜色采用rgba模式（含透明度）

　strokeColor："rgba（0，255，0，1）"，

　//边线宽度

　strokeWidth：2，

　strokeDash：16，//虚线间隔大小，值越大间隔越大

　//point点大小

　radius：5，

　//文字大小

　fontSize：30，

　//文字背景颜色（含透明度）

　bgColor："rgba（255，255，255，0.2）"，

//字体

　fontFamily：'微软雅黑'，

　//文字颜色

　color："rgba（255，255，255，0.2）"，

　offsetX：0，

　offsetY：0，

　scale：1，//图片放大的倍数

　heading：0，//图标的旋转角度，取值按照顺时针方向，默认为0，角度值。

　anchor：[0.5，0.5]，//图片锚点位置，默认为[0.5，1]表示锚点在图片正下方

//[0.5，0.5]也是常用的参数（表示锚点在图片正中），可以将图片正中定位到坐标点

　draggable：true

　}

Style说明：见表12-4-14所列。

表 12-4-14　Style 说明

参数	图形	文字	自定义图片	说明
fontFamily		√		字体
color		√		字体颜色
bgColor		√		文字背景颜色（含透明度）rgba 模式
fontSize		√		字体大小
offsetX		√		文字偏移量，屏幕坐标 X 的偏移量，默认值为 0
offsetY		√		文字偏移量，屏幕坐标 Y 的偏移量，默认值为 0
fillColor	√			图形填充颜色（含透明度）rgba 模式
strokeColor	√			图形边线颜色采用 rgba 模式（含透明度）
strokeWidth	√			图形边线宽度
strokeDash	√			图形边线虚线间隔值，值越大间隔越大 默认为 0，表示不显示虚线
customIcon			√	自定义图标 URL 地址
scale			√	默认为 1，图片放大的倍数
height			√	高度
width			√	
heading			√	图标的旋转角度，取值按照顺时针方向，默认为 0，角度值
anchor			√	默认为[0.5,0.5],表示锚点的位置在图片的正中心 [0,0]表示锚点的位置在图片的左上角 [0,0.5]表示锚点的位置在图片的左边正中 [0,1]表示锚点的位置在图片的左下角 [0.5,0]表示锚点的位置在图片的正上方 [0.5,0.5]表示锚点的位置在图片的正中心,常用 [0.5,1]表示锚点的位置在图片的正下方,常用 [1,0]表示锚点的位置在图片的右上角 [1,0.5]表示锚点的位置在图片的右边正中 [1,1]表示锚点的位置在图片的右下角
draggable	√			是否允许整体拖动图形，默认为 false
fillImage			√	矩形贴图（图片填充）的 URL 路径
stretchable			√	贴图是否拉伸，默认 false

回调事件组对象：

　{

　click:(result)=>{}//注册点击创建好的要素对象时的事件

　change:(result)=>{//注册要素图形发生变化(被编辑修改)的响应事件。如果不可编辑,还需要通过对象编辑模式接口来开启该要素的编辑状态(为 true),才能响应事件

　},

　stopEdit:(result)=>{ //注册完成要素对象的编辑操作时的响应事件。如果不可编辑,

还需要通过对象编辑模式接口来开启该要素的编辑状态(为true),才能响应事件

```
    },
    finish:(result)=>{ //注册要素对象创建完成时的响应事件


    }
  }


  回调参数result:
  //返回对象包括UUID和GeoJSON对象统一的格式
  {
  geometry:{
  type:"LineString", //Point,LineString,Polygon;点,线,多边形 geojson类型
  coordinates:[
  [100.276,31.457,0], //[x,y,z]
  [100.498,31.450,0],
  [100.515,31.624,0],
  [100.605,31.326,0],
  ……………………………………………………
  ]
  },
  properties:{
  drawType: "circle", //标绘类型
  controlPoint:[
  [100.276,31.457,0],
  [100.498,31.450,0]
  ],
  radius:1000,
  style:{}, //传入的标绘样式设置参数
  measurable:false,
  zIndex:999, //图层的zIndex值,值越大,图层层级越上面默认999
  uuid: "069e08e8-40c1-104e-88a2-d3cab383dec9"
  },
  type:"Feature"


  }
```
示例代码:
//开始

```
//var fmap= new FMap（）； 系统只初始化一次
var geojson={
 properties：{
  /**
drawType类型有
marker：marker点，arc：弧线，curve：曲线，polyline：折线，point：点，
polygon：多边形，text：文字，ellipse：椭圆，closedCurve：曲线面，
lune：弓形，sector：扇形，gatheringPlace：聚集地，straightArrow：直箭头，
attackArrow：进攻方向，squadCombat：分队战斗行动，
tailedSquadCombat：分队战斗行动（尾），fineArrow：细直箭头，
doubleArrow：钳击，freehandPolygon：自由面，rectangle：矩形，
circle：圆，tailedAttackArrow：进攻方向（尾），freehandLine：自由线，
assaultDirection：突击方向，rightArrow：直角箭头 ，rectangularTexture：矩形贴图
  */
drawType："circle",//标绘类型
 controlPoint：[//有标绘类型和控制点时，则表示是标绘要素重新上图这时候可以省略
geometry
[100.276，31.457，0]
 ],
radius：1000,
style：{},//传入的标绘样式设置参数
measurable：false,
zIndex：999,//图层的zIndex值，值越大，图层层级越上面默认999
 },
 type："Feature"
 };
var events={
click：(result)=>{}//注册点击创建好的要素对象时的事件
change：(result)=>{//注册要素图形发生变化（被编辑修改）的响应事件。如果不可编
辑，还需要通过对象编辑模式接口来开启该要素的编辑状态（为true），才能响应事件
 },
 stopEdit：(result)=>{ //注册完成要素对象的编辑操作时的响应事件。如果不可编辑，
还需要通过对象编辑模式接口来开启该要素的编辑状态（为true），才能响应事件

 },
finish：(result)=>{ //注册要素对象创建完成时的响应事件
//业务逻辑实现
}
 };
```

fmap.createGraphic(",geojson,events);//上图尽量采用geometry,避免根据控制点计算的损耗

12.4.4.23　修改要素样式

功能描述:修改标绘要素。

接口分类:可视化接口。

接口方法:modifyGraphicStyle(uuid,style)。

返回结果:无。

传入参数:见表12-4-15所列。

表12-4-15　传入参数

参数	类型	是否必须	说明
Uuid	String	是	
Style	Object	是	见示例代码Style参数
Zindex	Number	否	修改标绘对象的层级

示例代码:

```
//开始
//var fmap= new FMap（）; 系统只初始化一次
var uuid = '928cf7fa-1905-c9ac-cbde-b786099641fa';
//修改标绘图形样式参数
var style ={
fontFamily: '微软雅黑', //文字字体
fillColor: "rgba(144,255,144,0.5)",//填充色(含透明度)
strokeColor: "rgba(0,255, 0,1)",//边线颜色(含透明度)
strokeWidth: 2,//边线宽度
strokeDash:16,//虚线间隔大小,值越大间隔越大
radius: 5, //point点大小
fontSize: 30,//文字大小
offsetX:0,
offsetY:10,
color:"rgba(0,0,0,0.2)"
bgColor: "rgba(255,255,255,0.2)",//文字背景颜色
customIcon:",//自定义图标URL地址,当为svg的url路径时,图标颜色可以通过fill-Color指定
scale:1,//图片放大的倍数
heading:90,//图标的旋转角度,取值按照顺时针方向,默认为0,角度值
anchor:[0.5,0.5], //图片锚点位置,默认为[0.5,1]表示锚点在图片正下方
//[0.5,0.5]也是常用的参数(表示锚点在图片正中),可以将图片正中定位到坐标点
```

draggable：true
};
var zIndex=10；//修改标绘对象的层级,值越大,层级越上面
fmap.modifyGraphicStyle（uuid,style,zIndex）;
Style说明：见表12-4-16所列。

表12-4-16　　Style说明

参数	图形	文字	自定义图片	说明
fontFamily		√		字体
color		√		字体颜色
bgColor		√		文字背景颜色（含透明度）rgba模式
fontSize		√		字体大小
offsetX		√		文字偏移量，屏幕坐标X的偏移量，默认值为0
offsetY		√		文字偏移量，屏幕坐标Y的偏移量，默认值为0
fillColor	√			图形填充颜色（含透明度）rgba模式
strokeColor	√			图形边线颜色采用rgba模式（含透明度）
strokeWidth	√			图形边线宽度
strokeDash	√			图形边线虚线间隔值，值越大间隔越大 默认为0，表示不显示虚线
customIcon			√	自定义图标URL地址
height			√	高度
width			√	宽度
scale			√	默认为1，图片放大的倍数
heading			√	图标的旋转角度，取值按照顺时针方向，默认为0，角度值
anchor			√	默认为[0.5,0.5],表示锚点的位置在图片的正中心 [0,0]表示锚点的位置在图片的左上角 [0,0.5]表示锚点的位置在图片的左边正中 [0,1]表示锚点的位置在图片的左下角 [0.5,0]表示锚点的位置在图片的正上方 [0.5,0.5]表示锚点的位置在图片的正中心,常用 [0.5,1]表示锚点的位置在图片的正下方,常用 [1,0]表示锚点的位置在图片的右上角 [1,0.5]表示锚点的位置在图片的右边正中 [1,1]表示锚点的位置在图片的右下角
draggable	√			是否允许整体拖动图形，默认为false
fillImage			√	矩形贴图（图片填充）的URL路径
stretchable			√	贴图是否拉伸，默认false

12.4.4.24　设置对象编辑模式

功能描述：设置要素在地图上编辑，显示要素控制点，用于后续在地图上拖放控制点。系统支持，按住 Ctrl 键，鼠标左键连续选中多个要素。

接口分类：可视化接口。

接口方法：setGraphicEditable(array, editable)。

传入参数：见表 12-4-17 所列。

表 12-4-17　传入参数

参数	类型	是否必须	说明
Array	Array	是	要素 Uuid 数组
Editable	Boolean	是	是否显示要素控制点 True/False

接口返回：无。

示例代码：

//开始

　//var fmap= new FMap()；系统只初始化一次

　var arr =['928cf7fa-1905-c9ac-cbde-b786099641fa', '.....'];

　fmap.setGraphicEditable(arr, true)；

12.4.4.25　GeoJSO 上图

功能描述：用于同时添加多个要素，批量上图功能。

接口分类：可视化接口。

接口方法：createGraphicByGeoJSON(uuid, geojson, style, zIndex)。

接口返回：返回 uuid。

传入参数：见表 12-4-18 所列。

表 12-4-18　传入参数

参数	类型	是否必须	说明
Uuid	String	否	图层 Uuid 为空时会自动生成新 ID，每次上图生成一个新图层
Geojson	Object	是	见 Geojson 参数
Style	Object	否	见示例代码 Style 参数
Zindex	Number	否	图层的 zIndex 值越大，图层越上面，默认值为 99

geojson 参数：

//多个标准的 geojson 要素构成的集合，每个要素可能包含自己的业务信息字段，如下：路况数据示例

{"type": "FeatureCollection", "features": [{"type": "Feature", "geometry": {"type": "MultiLineString", "coordinates": [[[103.98514594184, 30.601086968316], [103.985155978733,

30.6013669162326]]]}, "properties": {"los": "1"}}, {"type": "Feature", "geometry": {"type": "MultiLineString", "coordinates": [[[103.955392252604, 30.6003862847222], [103.95528266059, 30.6003065321181]]]}, "properties": {"los": "1"}}, {"type": "Feature", "geometry": {"type": "MultiLineString", "coordinates": [[[103.95361735026, 30.5988007269965], [103.953267957899, 30.5984117296007]]]}, "properties": {"los": "1"}}, {"type": "Feature", "geometry": {"type": "MultiLineString", "coordinates": [[[103.953267957899, 30.5984117296007], [103.952749565972, 30.5978431532118]]]}, "properties": {"los": "1"}}, {"type": "Feature", "geometry": {"type": "MultiLineString", "coordinates": [[[103.953786621094, 30.5989903428819], [103.95361735026, 30.5988007269965]]]}, "properties": {"los": "1"}}, {"type": "Feature", "geometry": {"type": "MultiLineString", "coordinates": [[[103.951213650174, 30.5964868164063], [103.950435926649, 30.5959385850694]]]}, "properties": {"los": "1"}}, {"type": "Feature", "geometry": {"type": "MultiLineString", "coordinates": [[[103.953795844184, 30.6125048828125], [103.953646375868, 30.6124354383681]]]}, "properties": {"los": "2"}}, {"type": "Feature", "geometry": {"type": "MultiLineString", "coordinates": [[[103.986550292969, 30.6122886827257], [103.986311035156, 30.6127392578125]]]}, "properties": {"los": "1"}}, {"type": "Feature", "geometry": {"type": "MultiLineString", "coordinates": [[[103.985394422743, 30.6145814344618], [103.985354817708, 30.614651421441]]]}, "properties": {"los": "1"}}, {"type": "Feature", "geometry": {"type": "MultiLineString", "coordinates": [[[103.952449815538, 30.6077096896701], [103.952719184028, 30.6075591362847]]]}, "properties": {"los": "1"}}, {"type": "Feature", "geometry": {"type": "MultiLineString", "coordinates": [[[103.964316134983, 30.6021142578125], [103.978370225694, 30.5940993923611]]]}, "properties": {"los": "1"}}, {"type": "Feature", "geometry": {"type": "MultiLineString", "coordinates": [[[103.985285373264, 30.6015464952257], [103.985325249566, 30.6017263454861]]]}, "properties": {"los": "1"}}, ……]}

style参数：

```
{
fillColor: "rgba(255,0,144,0.5)",//面填充色(含透明度),非必填
strokeColor: "rgba(255,0,0,1)",//边线颜色(含透明度),非必填
strokeWidth：2,//边线宽度,非必填
extrudedHeight：5000,//多边形拉伸高度
radius：5, //point点大小,非必填
roadStatus：{ //自定义路况颜色配置,非必填只对线数据有效
 name:"los",//路况属性
 colors:{"1":"rgba(52,176,0,1)", //路况值和颜色
"2":"rgba(254,203,0,1)",
"3":"rgba(237,64,20,1)"
 }
 }
}
```

Style 说明：见表12-4-19所列。

表12-4-19　Style 说明

参数	图形	文字	自定义图片	说明
fillColor	√			图形填充颜色（含透明度）rgba 模式
strokeColor	√			图形边线颜色采用 rgba 模式（含透明度）
strokeWidth	√			图形边线宽度
extrudedHeight	√			多边形拉伸高度仅三维支持

返回结果：

```
//返回 UUID
{
uuid: "069e08e8-40c1-104e-88a2-d3cab383dec9"
}
```

示例代码：

```
var request=$.ajax({url:"../example/demo/data/路网.json",async:false});
var json=JSON.parse(request.responseText);
var uuid= fmap.createGraphicByGeoJSON(",
json,
{
fillColor: "rgba(255,0,144,0.5)",//面填充色（含透明度）
strokeColor: "rgba(255,0,0,1)",//边线颜色（含透明度）
strokeWidth: 2,//边线宽度
radius: 5,  //point点大小
},10);
var result = fmap.setMapLocation({
center: [91.10961, 29.64660, 0],  //地图中心点坐标,如果有z值,则zoom值无效
});
```

12.4.4.26　清除所有要素

功能描述：清除所有要素对象。

接口分类：可视化接口。

接口方法：removeAllGraphic（）。

传入参数：无。

返回结果：无。

回调结果：无。

示例代码：

```
//开始
//var fmap= new FMap（）；系统只初始化一次
fmap.removeAllGraphic（）；
```

12.4.4.27　清除指定要素

功能描述：清除指定要素对象。系统支持,按住 Ctrl 键,鼠标左键连续选中多个要素

接口分类：可视化接口。

接口方法：removeGraphic（arrar）。

传入参数：见表 12-4-20 所列。

表 12-4-20　传入参数

参数	类型	是否必须	说明
Arrar	Array	是	要素 Uuid 数组

返回结果：无。

示例代码：

```
//开始
 //var fmap= new FMap（ ）；系统只初始化一次
var arr = ["928cf7fa-1905-c9ac-cbde-b786099641fa","......"];
fmap.removeGraphic（arr）；
```

12.4.4.28　计算点是否在空间范围内

功能描述：计算点是否在空间范围内。

接口分类：数据接口。

接口方法：getPointInGeometry（lonlat，geojson）

传入参数：见表 12-4-21 所列。

表 12-4-21　传入参数

参数	类型	是否必须	说明
Lonlat	Array	是	点位经纬度 [x，y]
Geojson	GeoJSON	是	标准的 GeoJSON 对象

接口返回

```
//返回 Boolean 值
true/false
```

示例代码：

```
//开始
//var fmap= new FMap（ ）；系统只初始化一次
var lonlat = [101.3，30.5]；
var geojson = {
geometry：{
type："Polygon"，
 coordinates：[[
[100.276，31.457，0]，//[x，y，z]
[100.498，31.450，0]，
[100.515，31.624，0]，
[100.605，31.326，0]
```

```
    ]]
  },
   properties：{

  },
   type："Feature"
  }
```

var retValue = fmap.getPointInGeometry（lonlat，geojson）；

console.log（retValue）；

12.4.4.29　计算点之间的距离

功能描述：计算两点之间的地面距离。

接口分类：数据接口。

接口方法：getDistance（points）。

传入参数：见表 12-4-22 所列。

表 12-4-22　传入参数

参数	类型	是否必须	说明
Points	Array	是	[[x,y,z],[...]],z非必填

返回结果：

//返回数字（米）

59808.326536

回调结果：无

示例代码：

//开始

//var fmap= new FMap（）；系统只初始化一次

var pointArray =[[103.79，30.84，0]，[103.39，30.426，0]]；

covaretValue = fmap.getDistance（pointArray）；

console.log（retValue）；

12.4.4.30　计算缓冲区

功能描述：计算点、线、面缓冲区。

接口分类：数据接口。

接口方法：getGeometryBuffer（geojson，buffer）。

传入参数：见表 12-4-23 所列。

表 12-4-23　传入参数

参数	类型	是否必须	说明
Geojson	GeoJSON	是	标准的 GeoJSON 对象
Buffer	Number	是	缓冲范围，单位米，必须大于 0

返回结果

```
//GeoJSON 对象
{
geometry:{
type:"Polygon",
coordinates:[
[
[100.276,31.457,0],//[x,y,z]
[100.498,31.450,0],
[100.515,31.624,0],
[100.605,31.326,0]
]
]
},
properties:{

},
type:"Feature"
}
```

示例代码:

```
//开始
//var fmap= new FMap(); 系统只初始化一次
var geojson = {
geometry:{
type:"Polygon",
coordinates:[[
[100.276,31.457,0],//[x,y,z]
[100.498,31.450,0],
[100.515,31.624,0],
[100.605,31.326,0]
]]
},
properties:{
},
type:"Feature"
};
const buffer=100;
fmap.geometryBuffer(geojson,buffer);
```

12.4.4.31　计算重心点

功能描述:计算重心点。

接口分类：数据接口。

接口方法：getBarycentre（geojson）。

传入参数：见表12-4-24所列。

表12-4-24　传入参数

参数	类型	是否必须	说明
Geojson	Object	是	标准的GeoJSON对象

返回结果：

[x,y]

示例代码：

```
//开始
//var fmap= new FMap（）；系统只初始化一次
var geojson = {
geometry：{
type："Polygon"，
 coordinates：[[
[100.276,31.457,0],//[x,y,z]
[100.498,31.450,0],
[100.515,31.624,0],
[100.605,31.326,0]
]]
},
 properties：{
},
type："Feature"
 };
 var pois = fmap.getBarycentre（geojson）；
 console.log（pois）；
```

12.4.4.32　计算包络框。

功能描述：计算包络框。

接口分类：数据接口。

接口方法：getBbox（geojson）。

传入参数：见表12-4-25所列。

表12-4-25　传入参数

参数	类型	是否必须	说明
Geojson	GeoJSON	是	标准的GeoJSON对象

接口返回

[x1,y1,x2,y2] //左上角坐标,右下角坐标二维数组

回调结果：无

示例代码：

```
//开始
var fmap = new FMap();
var geojson = {
 geometry:{
type:"Polygon",
 coordinates:[[
[100.276,31.457,0],//[x,y,z]
[100.498,31.450,0],
[100.515,31.624,0],
[100.605,31.326,0]
]]
 },
 properties:{
 },
type:"Feature"
 };
 var lonlatArray = fmap.getBbox(geojson);
 console.log(lonlatArray);
```

12.4.4.33　坐标串转 GeoJSON

功能描述：坐标串转 GeoJSON。可以返回点、线、面的标准 GeoJSON 对象。

接口分类：数据接口。

接口方法：getGeoJSONByGeoStr(type,geoStr)

传入参数：见表 12-4-26 所列。

表 12-4-26　传入参数

参数	类型	是否必须	说明
Type	String	是	指定返回的类型 Point 点 LineString 线 Polygon 面
Geostr	String	是	坐标字符串,格式:'x_1,y_1,x_2,y_2,x_3,y_3'

返回结果：

```
//标准的 GeoJSON
 {
```

```
geometry: {
type: "Polygon",
 coordinates: [[
[100.276,31.457,0],//[x,y,z]
[100.498,31.450,0],
[100.515,31.624,0],
[100.605,31.326,0]
]]
},
 properties: {
},
type: "Feature"
 };
```

示例代码：

//开始

//var fmap= new FMap()；系统只初始化一次

var geoStr = '104.094228，30.666611，104.094215，30.666551，104.094209，30.666534，104.094197，30.666498，104.094175，30.666438，104.094168，30.666425，104.094144，30.666381，104.094107，30.666324，104.094053，30.666247，104.094034，30.666224，104.094012，30.666195';

var geojson = fmap.getGeoJSONByGeoStr('Point', geoStr);

console.log(geojson);

12.4.4.34 数据热力图

功能描述：根据数据展示热力图。

接口分类：地图接口。

接口方法：showHeatMap（renderData，options）。

传入参数：见表12-4-27所列。

表12-4-27　传入参数

参数	类型	是否必须	说明
renderData	Array	是	数据，见示例 [{x:103,y:30,value:30}]
Options	Object	非必须	见示例代码Options

返回结果：图层 uuid

```
{
uuid: "0db14334-f20d-4a87-85ef-6d5788595a85"
}
```

示例代码：

//开始

```
var fmap = new FMap( ) ;
var data=[
{
x:103,//经度
y:30,//纬度
value:30//热力值
}
]
var options = {
gradient：{
//热力图渲染颜色等级划分,可任意设置颜色支持十六进制或rgb
'0.3': 'rgba(255,0,0,1)', //根据热力值进行等级划分,数值由小到大,前30%渲染成
红色
'0.65': '', //根据热力值进行等级划分,数值由小到大,30%~60%渲染成其他颜色
'0.8': '', //根据热力值进行等级划分,数值由小到大,60%~80%渲染成红色
'0.95': ''
}
}
fmap.showHeatMap(data,options)
```

12.4.4.35　展示 marker 点

功能描述：展示 marker 点。

接口分类：可视化接口。

接口方法：showMarker（renderData, options）。

传入参数：见表 12-4-28 所列。

表 12-4-28　传入参数

参数	类型	是否必须	说明
renderData	Array	是	见示例代码 renderData
Options	Object	是	见示例代码 Options

返回结果：

```
{
uuid："0db14334-f20d-4a87-85ef-6d5788595a85"
}
```

示例代码：

```
//开始
//var fmap= new FMap( )；系统只初始化一次
var options = {
cluster：false, //是否聚合
```

showTitle：true，//是否展示标题

zIndex：1，//图层的 zIndex 值，值越大，图层层级越上面

uuid：'0db14334-f20d-4a87-85ef-6d5788595a85' //每一个展点操作（一次可能上若干个点）对应的 UUID，非必须

```
};
var renderData = [{
x:103,//经度（必须）
y:30,//纬度（必须）
name:"名称",//名称（非必须）
image:'',//图片 url 路径（非必须）
width:48,// 图片宽度（非必须）
height:48,//图片高度（非必须）
fontColor:'#FFFF00',//名称颜色默认黑色（非必须）
fontSize:'10',//字体大小单位 px 默认 12（非必须）
offsetX:0, //文字偏移量屏幕坐标 X 的偏移量
offsetY:20, //文字偏移量屏幕坐标 Y 的偏移量默认值为 0
scale:1, //图片放大的倍数
fontFamily:'微软雅黑',//字体默认微软雅黑
anchor:[0.5,1] //默认值[0.5,1]，表示锚点的位置在图片的正下方;[0.5,0.5]表示锚点
在图片的正中
}];
fmap.showMarker(renderData, options)
```

12.4.4.36　辖区统计

功能描述：辖区统计。

接口分类：可视化接口。

接口方法：showAreaStatistics（renderData）。

传入参数：见表 12-4-29 所列。

表 12-4-29　传入参数

参数	类型	是否必须	说明
renderData	Object	是	展示数据见《示例代码 renderData》
Callback	Function	否	回调函数 function(obj){}

返回结果：uuid 对象

```
{
uuid: "0db14334-f20d-4a87-85ef-6d5788595a85"
}
```

回调结果：

//特定情况下，需要根据回调返回的信息来处理业务逻辑

```
{
uuid:"0db14334-f20d-4a87-85ef-6d5788595a85"
rows:[{},{}]
}
```

示例代码：

```
//开始
//var fmap= new FMap()；系统只初始化一次
var renderData={
"510106000000"://辖区编码
{
name:"名称"//（必须）
value:10,//辖区统计值(必须)
color：'rgba(144,255,144,0.5)' //字体颜色
fontFamily：'微软雅黑', //字体(非必须)
fillColor："rgba(144,255,144,0.5)",//填充色透明度,必须是CSS字符串(非必须)
strokeColor："rgba(0,255, 0,1)",//边线颜色(非必须)
strokeWidth：2,//边线宽度(非必须)
fontSize：30,//文字大小(非必须)
bgColor："rgba(255,255,255,0.2)",//文字背景颜色(非必须)
},
}
fmap.showAreaStatistics(renderData,(data) => {
console.log(data);
})
```

12.4.4.37 注册地图事件

功能描述：注册地图事件。

接口分类：事件接口。

接口方法：registerMapEvent（type,callback）。

传入参数：见表12-4-30所列。

表12-4-30 传入参数

参数	类型	是否必须	说明
Type	String	是	注册事件类型： Mouse Move 鼠标移动 Map Change 地图变化（地图移动、缩放） Left Click 点击左键 Right Click 点击右键
Callback	Function	是	接收事件触发返回

接口返回:

```
{
//注册事件返回参数
uuid:"0db14334-f20d-4a87-85ef-6d5788595a85",
}
```

回调结果:

```
{
x:经度,//鼠标点击的经度,mapChange事件不存在当前值
y:纬度,//鼠标点击时的纬度 mapChange事件不存在当前值
z:高度 //三维模式才有
screenX:屏幕X,//mapChange事件不存在当前值
screenY:屏幕Y,//mapChange事件不存在当前值
zoom:地图级别,
center:[x,y,z],//地图中心点
eventUUID:,//事件uuid
event://扩展属性,备用
}
```

调用示例:

```
//开始
//var fmap= new FMap();系统只初始化一次
var event= fmap.registerMapEvent("mapChange",(data)=>{
console.log(data);
});
```

12.4.4.38　取消地图事件

功能描述:取消地图事件。

接口分类:事件接口。

接口方法:unregisterMapEvent(uuid)。

传入参数:见表12-4-31所列。

表12-4-31　传入参数

参数	类型	是否必须	说明
Uuid	String	是	事件Uuid

接口返回:无

调用示例:

```
//开始
var fmap = new FMap();
fmap.unregisterMapEvent(uuid);
```

12.4.4.39　注册要素事件

功能描述:要素事件。

接口分类:事件接口。

接口方法：registerGraphicEvent（type，callback）

传入参数：见表 12-4-32 所列。

表 12-4-32　传入参数

参数	类型	是否必须	说明
Type	String	是	注册事件类型： Left Click 点击左键 Right Click 点击右键
Callback	Function	否	回调函数

接口返回：

```
{
uuid："0db14334-f20d-4a87-85ef-6d5788595a85"，
}
```

回调结果：

```
{
 uuid：id，//当前点击要素的 uuid
 data：data，//要素的属性信息
 eventUUID：id，//当前注册事件的，事件 id
 type：type，//事件类型
 event：//扩展属性，备用
 }
```

调用示例：

```
//开始
//var fmap= new FMap（）；系统只初始化一次
var uuid= fmap.registerGraphicEvent("leftClick"，（data)=>{
console.log（data）；
 }）；
```

12.4.4.40　取消要素事件

功能描述：取消要素事件。

接口分类：事件接口。

接口方法：unregisterGraphicEvent（uuid）。

接口返回：无。

传入参数：见表 12-4-33 所列。

表 12-4-33　传入参数

参数	类型	是否必须	说明
Uuid	String	是	注册的要素事件 Uuid

调用示例：

```
//开始
```

```
//var fmap= new FMap()；系统只初始化一次
var event= fmap.unregisterGraphicEvent(uuid)；
```

12.4.4.41 迁徙图

功能描述:迁徙图。

接口分类:地图扩展接口。

接口方法:appendEchartsToMap(options)。

传入参数:见表12-4-34所列。

表12-4-34 传入参数

参数	类型	是否必须	说明
Options	Object	是	见示例代码Options

返回结果:

```
{
uuid:"
}
```

示例代码:

```
//开始
//var fmap= new FMap()；系统只初始化一次
//所有点位的坐标:地名和经纬度
 var geoCoordMap = {
'上海': [121.4648,31.2891],
'东莞': [113.8953,22.901],
'东营': [118.7073,37.5513],
'中山': [113.4229,22.478],
'临汾': [111.4783,36.1615],
'临沂': [118.3118,35.2936],
'丹东': [124.541,40.4242],
'丽水': [119.5642,28.1854],
//'乌鲁木齐': [87.9236,43.5883],
'佛山': [112.8955,23.1097],
'保定': [115.0488,39.0948],
'兰州': [103.5901,36.3043],
'包头': [110.3467,41.4899],
'北京': [116.4551,40.2539],
'北海': [109.314,21.6211],
'南京': [118.8062,31.9208],
'南宁': [108.479,23.1152],
'南昌': [116.0046,28.6633],
```

'南通': [121.1023,32.1625],
'厦门': [118.1689,24.6478],
'台州': [121.1353,28.6688],
'合肥': [117.29,32.0581],
'呼和浩特': [111.4124,40.4901],
'咸阳': [108.4131,34.8706],
'哈尔滨': [127.9688,45.368],
'唐山': [118.4766,39.6826],
'嘉兴': [120.9155,30.6354],
'大同': [113.7854,39.8035],
'大连': [122.2229,39.4409],
'天津': [117.4219,39.4189],
'太原': [112.3352,37.9413],
'威海': [121.9482,37.1393],
'宁波': [121.5967,29.6466],
'宝鸡': [107.1826,34.3433],
'宿迁': [118.5535,33.7775],
'常州': [119.4543,31.5582],
'广州': [113.5107,23.2196],
'廊坊': [116.521,39.0509],
'延安': [109.1052,36.4252],
'张家口': [115.1477,40.8527],
'徐州': [117.5208,34.3268],
'德州': [116.6858,37.2107],
'惠州': [114.6204,23.1647],
'成都': [103.9526,30.7617],
'扬州': [119.4653,32.8162],
'承德': [117.5757,41.4075],
'拉萨': [91.1865,30.1465],
'无锡': [120.3442,31.5527],
'日照': [119.2786,35.5023],
'昆明': [102.9199,25.4663],
'杭州': [119.5313,29.8773],
'枣庄': [117.323,34.8926],
'柳州': [109.3799,24.9774],
'株洲': [113.5327,27.0319],
'武汉': [114.3896,30.6628],
'汕头': [117.1692,23.3405],

'江门': [112.6318, 22.1484],
'沈阳': [123.1238, 42.1216],
'沧州': [116.8286, 38.2104],
'河源': [114.917, 23.9722],
'泉州': [118.3228, 25.1147],
'泰安': [117.0264, 36.0516],
'泰州': [120.0586, 32.5525],
'济南': [117.1582, 36.8701],
'济宁': [116.8286, 35.3375],
'海口': [110.3893, 19.8516],
'淄博': [118.0371, 36.6064],
'淮安': [118.927, 33.4039],
'深圳': [114.5435, 22.5439],
'清远': [112.9175, 24.3292],
'温州': [120.498, 27.8119],
'渭南': [109.7864, 35.0299],
'湖州': [119.8608, 30.7782],
'湘潭': [112.5439, 27.7075],
'滨州': [117.8174, 37.4963],
'潍坊': [119.0918, 36.524],
'烟台': [120.7397, 37.5128],
'玉溪': [101.9312, 23.8898],
'珠海': [113.7305, 22.1155],
'盐城': [120.2234, 33.5577],
'盘锦': [121.9482, 41.0449],
'石家庄': [114.4995, 38.1006],
'福州': [119.4543, 25.9222],
'秦皇岛': [119.2126, 40.0232],
'绍兴': [120.564, 29.7565],
'聊城': [115.9167, 36.4032],
'肇庆': [112.1265, 23.5822],
'舟山': [122.2559, 30.2234],
'苏州': [120.6519, 31.3989],
'莱芜': [117.6526, 36.2714],
'菏泽': [115.6201, 35.2057],
'营口': [122.4316, 40.4297],
'葫芦岛': [120.1575, 40.578],
'衡水': [115.8838, 37.7161],

```
'衢州': [118.6853,28.8666],
'西宁': [101.4038,36.8207],
'西安': [109.1162,34.2004],
'贵阳': [106.6992,26.7682],
'连云港': [119.1248,34.552],
'邢台': [114.8071,37.2821],
'邯郸': [114.4775,36.535],
'郑州': [113.4668,34.6234],
'鄂尔多斯': [108.9734,39.2487],
'重庆': [107.7539,30.1904],
'金华': [120.0037,29.1028],
'铜川': [109.0393,35.1947],
'银川': [106.3586,38.1775],
'镇江': [119.4763,31.9702],
'长春': [125.8154,44.2584],
'长沙': [113.0823,28.2568],
'长治': [112.8625,36.4746],
'阳泉': [113.4778,38.0951],
'青岛': [120.4651,36.3373],
'韶关': [113.7964,24.7028]
};
//第一组线路:起点到终点,可一对多,终点的value值表示地理位置圆圈符号的大小
var BJData = [
[{name:'北京'}, {name:'上海',value:195}],
[{name:'北京'}, {name:'广州',value:190}],
[{name:'北京'}, {name:'大连',value:180}],
[{name:'北京'}, {name:'南宁',value:170}],
[{name:'北京'}, {name:'南昌',value:160}],
[{name:'北京'}, {name:'拉萨',value:150}],
[{name:'北京'}, {name:'长春',value:140}],
[{name:'北京'}, {name:'包头',value:130}],
[{name:'北京'}, {name:'重庆',value:120}],
[{name:'北京'}, {name:'常州',value:110}]
];
//第二组线路:起点到终点,可一对多,终点的value值表示地理位置圆圈符号的大小
var SHData = [
[{name:'上海'}, {name:'包头',value:195}],
[{name:'上海'}, {name:'昆明',value:190}],
```

```
[{name:'上海'} , {name:'广州',value:180}],
[{name:'上海'} , {name:'郑州',value:170}],
[{name:'上海'} , {name:'长春',value:160}],
[{name:'上海'} , {name:'重庆',value:150}],
[{name:'上海'} , {name:'长沙',value:140}],
[{name:'上海'} , {name:'北京',value:130}],
[{name:'上海'} , {name:'丹东',value:120}],
[{name:'上海'} , {name:'大连',value:110}]
];
//第三组线路:起点到终点,可一对多,终点的value值表示地理位置圆圈符号的大小
var GZData = [
[{name:'广州'} , {name:'福州',value:195}],
[{name:'广州'} , {name:'太原',value:190}],
[{name:'广州'} , {name:'长春',value:180}],
[{name:'广州'} , {name:'重庆',value:170}],
[{name:'广州'} , {name:'西安',value:160}],
[{name:'广州'} , {name:'成都',value:150}],
[{name:'广州'} , {name:'常州',value:140}],
[{name:'广州'} , {name:'北京',value:130}],
[{name:'广州'} , {name:'北海',value:120}],
[{name:'广州'} , {name:'海口',value:110}]
];
//线路特效图形矢量路径
    var planePath = 'path: //M1705.06, 1318.313v-89.254l-319.9-221.799l0.073-208.063c
0.521-84.662-26.629-121.796-63.961-121.491c-37.332-0.305-64.482,36.829-63.961,121.491l0.
073, 208.063l-319.9, 221.799v89.254l330.343-157.288l12.238, 241.308l-134.449, 92.93l10.
531, 42.034l175.125-42.917l175.125, 42.917l0.531-42.034l- 134.449-92.931l12.238-241.
308L1705.06, 1318.313z';
    var convertData = function (data) {
    var res = [];
    for (var i = 0; i < data.length; i++) {
    var dataItem = data[i];
    var fromCoord =geoCoordMap[dataItem[0].name];
    var toCoord = geoCoordMap[dataItem[1].name];
    if (fromCoord && toCoord) {
    res.push([{
     coord: fromCoord
    }, {
```

```
    coord：toCoord
    }]）；
   }
  }
  return res；
  };
  var color = ['#37C83E', '#ffa022', '#46bee9']; //每一组线路颜色
  var series = []; //为每一组线路设置系列(series)样式,可以是叠加的组合效果
  [['北京', BJData], ['上海', SHData], ['广州', GZData]].forEach(function (item, i) {
  series.push(
  {//第一种效果,给线路添加一种白色尾迹
  name：item[0] + ' Top10', //系列名称,用于tooltip的显示,鼠标放在线路上的提示信息,legend 的图例筛选,在 setOption 更新数据和配置项时用于指定对应的系列
  type: 'lines', //图表类型为 lines ,用于带有起点和终点信息的线数据的绘制,主要用于地图上的航线,路线的可视化
  zlevel：1, //zlevel 用于 Canvas 分层
  effect：{ //线路特效配置
   show：true, //是否显示特效
   period：6, //特效动画的时间,单位为 s
   trailLength：0.7, //特效尾迹的长度;取从 0 到 1 的值,数值越大尾迹越长
   color：'#fff', //特效标记的颜色,默认取 lineStyle.color
   symbolSize：3//特效标记的大小,可以设置成诸如 10 这样单一的数字,也可以用数组分开表示高和宽,例如 [20，10] 表示标记宽为20，高为 10
   },
  lineStyle：{ //线路线样式
   normal：{
  color：color[i]，//线颜色保持每一组线路同一个颜色
  width：0，//线宽度
  curveness：0.2 //边的曲度,支持从 0 到 1 的值,值越大曲度越大。
   }
  },
  data：convertData(item[1]) //起点到终点的坐标数组
  },
  {//第二种效果,添加线路图,与尾迹重合
  name：item[0] + ' Top10', //系列名称,用于tooltip的显示,鼠标放在线路上的提示信息,legend 的图例筛选,在 setOption 更新数据和配置项时用于指定对应的系列
  type: 'lines', //图表类型为 lines ,用于带有起点和终点信息的线数据的绘制,主要用于地图上的航线、路线的可视化
```

119

zlevel：2，//zlevel用于 Canvas 分层

effect：{//线路特效配置

　show：true，//是否显示特效

　period：6，//特效动画的时间，单位为 s

　trailLength：0，//特效尾迹的长度。取从 0 到 1 的值，数值越大尾迹越长

　symbol：planePath，//特效图形的标记

　//ECharts 提供的标记类型包括 'circle'，'rect'，'roundRect'，'triangle'，'diamond'，'pin'，'arrow'，'none'

　//可以通过 'image://url' 设置为图片，其中 URL 为图片的链接，或者 dataURI

　//可以通过 'path://' 将图标设置为任意的矢量路径。这种方式相比于使用图片的方式，不用担心因为缩放而产生锯齿或模糊，而且可以设置为任意颜色。路径图形会自适应调整为合适的大小

　//示例中 planePath 就是使用自定义的飞机矢量图形，symbol 的角度会随着轨迹的切线变化，如果使用自定义 path 的 symbol，需要保证 path 图形的朝向是朝上的，这样在 symbol 沿着轨迹运动的时候可以保证图形始终朝着运动的方向

　symbolSize：15 //特效标记的大小，可以设置成诸如 10 这样单一的数字，也可以用数组分开表示高和宽，例如 [20，10] 表示标记宽为 20，高为 10

　}，

lineStyle：{//线路线样式

　normal：{

color：color[i]，//线颜色保持每一组线路同一个颜色

width：1，//线宽度

opacity：0.4，//图形透明度。支持从 0 到 1 的数字，为 0 时不绘制该图形

curveness：0.2//边的曲度，支持从 0 到 1 的值，值越大曲度越大

　}

　}，

data：convertData（item[1]）//起点到终点的坐标数组

　}，

　{//第三种效果，展示终点地理位置。

name：item[0] + ' Top10'，//系列名称，用于 tooltip 的显示，鼠标放在终点位置的提示信息，legend 的图例筛选，在 setOption 更新数据和配置项时用于指定对应的系列

type：'effectScatter'，//带有涟漪特效动画的散点（气泡）图，利用动画特效可以将某些想要突出的数据进行视觉突出

zlevel：2，//zlevel用于 Canvas 分层

rippleEffect：{ //涟漪特效相关配置

　brushType：'stroke' //波纹的绘制方式，可选 'stroke' 和 'fill'

　}，

label：{ //图形上的文本标签，可用于说明图形的一些数据信息

```
      normal：{
    show：true，//是否显示标签
    position：'right'，//标签的位置 'top'、'left'、'right'、'bottom'、'inside'、'insideLeft'、'insid-
eRight'、'insideTop'、'insideBottom'、'insideTopLeft'、'insideBottomLeft'、'insideTopRight'、'in-
sideBottomRight'
    formatter：'{b}' //标签内容格式器,支持字符串模板和回调函数两种形式,字符串模板
与回调函数返回的字符串均支持用 \n 换行
    //模板变量有：
    // {a}：系列名。
    // {b}：数据名。
    // {c}：数据值。
    // {@xxx}：数据中名为'xxx'的维度的值,如{@product}表示名为'product'` 的维度的值
    // {@[n]}：数据中维度n的值,如{@[3]}` 表示维度 3 的值,从 0 开始计数
      }
    },
    symbolSize：function（val）{
     return val[2] / 8；
    },
    itemStyle：{
     normal：{
    color：color[i]  //图形的颜色保持每一组线路同一个颜色
      }
    },
    data：item[1].map（function（dataItem）{ //返回文本标签数据对应 formatter
     return {
    name：dataItem[1].name，
    value：geoCoordMap[dataItem[1].name].concat（[dataItem[1].value]）
     };
    }）
    });
    });
    var option = {
    tooltip : {
     trigger：'item' //提示信息触发类型item时,数据项图形触发,主要在散点图、饼图等无
类目轴的图表中使用；none时什么都不触发
    },
    series：series
    };
```

```
var uuid= fmap.appendEchartsToMap(option);
```

12.4.4.42　按线路移动

功能描述：按线路移动。

接口分类：地图扩展接口。

接口方法：moveOnLine（options，callback）。

传入参数：见表12-4-35所列。

表12-4-35　传入参数

参数	类型	是否必须	说明
Options	Object	是	见示例代码 lineData
Callback	Function	否	回调函数 function(obj){}

返回参数：线路动画的 uuid

```
{
uuid:"id"//当前
}
```

回调参数 obj：

```
//每次位置改变都有回调结果
{
uuid:id,//线路的 uuid
finish:true,//完成动画为 true 否则为 false
x: 104.39279874157414,
y: 31.152351738752568,
z: 5
}
```

示例代码：

```
//开始
  //var fmap= new FMap（）；系统只初始化一次
var lineData = {
//必填
coordinates：[[104.39279874157414，31.152351738752568，5]，[104.39400050449233，31.165065699602387，5]，[104.3882411945256，31.165742094922525，5]],
name: "线路1",//非必填
style：{//非必填
  customIcon: "../arcgisdemo/test/car.gltf",//Cesium 的 2D、3D 模式下支持 gltf 模型，Openlayers 只支持 png jpg 路径
  fontFamily: "微软雅黑",//√字体
  color: 'rgba(0,255,0,1)',//√字体颜色
  bgColor: 'rgba(255,255,255,0.2)',//√文字背景颜色(含透明度)rgba 模式
```

```
    fontSize：18,//√字体大小
    heading：180,//方向角模型的方向角,顺指针,正北为0。Cesium优先采用gltf模型作
为移动对象,如果是图片对象则体验度不好(图片是立体的)
    size:10, //模型大小(比例缩放)如果样式为3D模型
    anchor:[0.5,0.5] //图片锚点位置,默认为[0.5,1]表示锚点在图片正下方
//[0.5,0.5]也是常用的参数(表示锚点在图片正中),可以将图片正中定位到坐标点
//如小车模型图片则应该设置锚点为正中,带针尖的marker图表则应该设置锚点为正
下方
    },
    attr：{//非必填
    cameraType：'dy',//"dy"://锁定第一视角  "sd"://锁定上帝视角  "gs"://跟随视角 "":
自由
    speed：100,//速度公里每小时非必填默认为60
    clockRange：false,//是否循环显示
    showLabel：false,//显示标注
    showLine：true,//显示线条
    height：2000,//飞行高度
    },
    interval:10 //位置改变过程中,回调事件接收消息的时间间隔,默认10毫秒
    }
    var uuid = fmap.lineAnimation(lineData, (data) => {
console.log(data);
    });
```

12.4.4.43　线路移动改变

功能描述:线路移动改变。

接口分类:地图扩展接口。

接口方法:changeMoveOnLine (uuid,options)。

接口返回:无。

传入参数:见表12-4-36所列。

表12-4-36　传入参数

参数	类型	是否必须	说明
Uuid	String	是	Uuid
Options	Object	是	见示例代码Options

示例代码:

```
//开始
//var fmap= new FMap()；系统只初始化一次
var options = {
```

cameraType: 'sd', //"dy":锁定第一视角 "sd":锁定上帝视角 "gs":跟随视角 "":自由
multiplier: 10, //速度几倍
isPlay: true, //播放或者暂停
height: 50000, //修改飞行高度

 }
 fmap.changeMoveOnLine(uuid, options);

12.4.4.44　地图漫游飞行

功能描述:开始模拟飞行。

接口分类:地图扩展接口。

接口方法:startSimulateFly()。

传入参数:无。

调用示例:

//开始

 //var fmap= new FMap(); 系统只初始化一次

 fmap.startSimulateFly();

12.4.4.45　结束漫游飞行

功能描述:结束模拟飞行。

接口分类:地图扩展接口。

接口方法:stopSimulateFly()。

返回参数:无。

调用示例:

//开始

 //var fmap= new FMap(); 系统只初始化一次

 fmap.stopSimulateFly();

12.4.4.46　当前视图导出png

功能描述:导出为png。

接口分类:事件接口。

接口方法:exportPng(callback)。

传入参数:见表12-4-37所列。

表12-4-37　传入参数

参数	类型	是否必须	说明
Callback	Function	否	回调函数

接口返回:
无
回调结果:
base64的图片格式

调用示例：

//开始

//var fmap= new FMap（）；系统只初始化一次

fmap.exportPng（（data)=>{

console.log（data）；

 }）；

12.4.4.47　百度坐标转WGS84

功能描述：百度坐标转WGS84。

接口分类：计算接口。

接口方法：BD9ToWGS84（lon,lat）。

传入参数：见表12-4-38所列。

表12-4-38　传入参数

参数	类型	是否必须	说明
Lon	Number	是	经度
Lat	Number	是	纬度

返回结果：

[lon,lat]//转换后的经纬度

回调结果：无

示例代码：

//开始

 //var fmap= new FMap（）；系统只初始化一次

var npoint = fmap.BD9ToWGS84（lon,lat）；

console.log（npoint）；

12.4.4.48　WGS84转百度

功能描述：WGS84转百度。

接口分类：计算接口。

接口方法：WGS84ToBD09（lon,lat）。

传入参数：见表12-4-39所列。

表12-4-39　传入参数

参数	类型	是否必须	说明
Lon	Number	是	经度
Lat	Number	是	纬度

返回结果

[lon,lat]//转换后的经纬度

回调结果：无

示例代码：

```
//开始
 //var fmap= new FMap（）；系统只初始化一次
var npoint = fmap.WGS84ToBD09（lon,lat）;
console.log（npoint）;
```

12.4.4.49　火星转WGS84

功能描述:火星转WGS84。

接口分类:计算接口。

接口方法:GCJ02ToWGS84（lon,lat）。

传入参数:见表12-4-40所列。

表12-4-40　传入参数

参数	类型	是否必须	说明
Lon	Number	是	经度
Lat	Number	是	纬度

返回结果:

[lon,lat]//转换后的经纬度

回调结果:无

示例代码:

```
//开始
 //var fmap= new FMap（）；系统只初始化一次
var npoint = fmap.GCJ02ToWGS84（lon,lat）;
console.log（npoint）;
```

12.4.4.50　WGS84转火星

功能描述:WGS84转火星。

接口分类:计算接口。

接口方法:WGS84ToGCJ02（lon,lat）。

传入参数:见表12-4-41所列。

表12-4-41　传入参数

参数	类型	是否必须	说明
Lon	Number	是	经度
Lat	Number	是	纬度

返回结果:

[lon,lat]//转换后的经纬度

回调结果:无

示例代码:

```
//开始
 //var fmap= new FMap（）；系统只初始化一次
```

var npoint = fmap.WGS84ToGCJ02(lon,lat);

console.log(npoint);

12.4.4.51　地图视图刷新

功能描述：当地图 DIV 大小发生变化后调用。

接口分类：地图接口。

接口方法：updateSize()。

传入参数：无。

返回结果：无。

回调结果：无。

示例代码：

//开始

//var fmap= new FMap()；系统只初始化一次

fmap.updateSize();

12.4.4.52　弹出多媒体框

功能描述：在地图上弹出自定义多媒体框,用于装载图片、视频等多媒体资源。通过 removeGraphic 删除多媒体框。多媒体框在地图上是可以拖动的。

接口分类：可视化接口。

接口方法：openMultimediaWindow(options,events)。

传入参数：见表 12-4-42 所列。

表 12-4-42　传入参数

参数	类型	是否必须	说明
Options	Object	是	见 Options 参数
Events	Object	否	可注册多个事件,见回调事件组对象

options 参数：

{

uuid："4d189fe7-a9ca-281e-fdf8-223793f90ded",//唯一标记多媒体框(非必须)

//显示位置(必须)

coordinate:[x,y,z],

//多媒体内容(必须)

multimediaContent:"",

//关闭其他多媒体框默认 true(非必须)

closeOthers:true,

//是否显示窗体下方位置指示 true/false，默认 false(非必须)

showBottom:true,

//多媒体框是否可拖动 true/false，默认 True(非必须)

draggable:false,

//默认[0,0]偏移量像素(非必须)

```
offset:[x,y],
//自定义业务对象
custom:{

    }
}
回调事件组对象:
  {
//注册点击多媒体框的事件
click:funtion(result)=>{

},
//注册拖动多媒体框的响应事件
drag:(result)=>{

},
//媒体框初始化完成
onload:(result)=>{

},
  }
接口返回:
//返回多媒体框对应的UUID
'4d189fe7-a9ca-281e-fdf8-223793f90ded'
回调参数obj:
{
uuid:'4d189fe7-a9ca-281e-fdf8-223793f90ded',
coordinate:[104.08,30.57],
//
custom:{
}
}
示例代码:
 //var fmap= new FMap();系统只初始化一次
var options = {
uuid:"4d189fe7-a9ca-281e-fdf8-223793f90ded",
coordinate:[104.08,30.57],//气泡框弹出位置经纬度
```

closeOthers：true//是否关闭其他气泡框 true 是，false 否

showBottom：false// true：不显示标题，底，false 显示

//多媒体框是否可拖动 true/false，默认 True(非必须)

draggable：false，

offset：[x，y]//偏移量

};

var events={

//注册点击多媒体框的事件

click：(result)=>{

}

//注册拖动多媒体框的响应事件

drag：(result)=>{

console.log(result)；

}

};

fmap.openMultimediaWindow(options，events)；

12.4.4.53　获取自定义地图配置

功能描述：获取自定义地图配置。

接口分类：地图接口。

接口方法：getCustomMapConfig( )。

传入参数：无。

返回结果：配置信息

{

custom1：{

label：'自定义地图 1'，

imgurl："，

layers：[

{

}

]

}

}

回调结果：无

示例代码：

//开始

//var fmap= new FMap( )；系统只初始化一次

fmap.getCustomMapConfig( )；

12.4.4.54　添加自定义地图

功能描述：添加自定义地图。

接口分类：地图接口。

接口方法：addCustomMap()。

传入参数：见表12-4-43所列。

表12-4-43　传入参数

参数	类型	是否必须	说明
Options	Object	是	见Options参数

options参数：

```
{
label：'自定义地图1',
imgurl：'',
layers：[
 {
layerType：'GeoServer',//地图类型
layerName：'红河夜色图',//地图名称
projection：'4326',//地图坐标系
options：{
 url：'http://172.29.214.88:8181/geoserver/gwc/service/wmts?layer=HH-MAPS-YS1'
}
 }
]
 }
```

返回结果：

```
{
 uuid："uuid"
}
```

回调结果：无

示例代码：

```
//开始
 //var fmap= new FMap()；系统只初始化一次
var options={
label：'自定义地图1',
imgurl：'',
layers：[
 {
layerType：'GeoServer',//地图类型
layerName：'红河夜色图',//地图名称
```

```
projection：'4326',//地图坐标系
options：{
  url：'http://172.29.214.88:8181/geoserver/gwc/service/wmts?layer=HH-MAPS-YS1'
}
 }
]
 }
fmap.addCustomMap(options)；
```

12.4.4.55　删除自定义地图

功能描述：删除自定义地图。

接口分类：地图接口。

接口方法：removeCustomMap(uuid)。

传入参数：见表12-4-44所列。

表12-4-44　传入参数

参数	类型	是否必须	说明
Uuid	String	是	Uuid

options参数：

uuid

返回结果：

无

回调结果：无

示例代码：

```
//开始
 //var fmap= new FMap()；系统只初始化一次
 fmap.removeCustomMap(uuid)；
```

12.4.4.56　通视分析

功能描述：在三维场景下进行通视分析，是指以某一点为观察点，研究某一区域通视情况的地形分析。在三维地图模式下调用该方法后，鼠标左键连续点击地图，形成不同的通视射线（被地形或者三维模型遮挡的射线为不可见区域），点击右键结束当前分析操作。

接口分类：地图接口。

接口方法：lineOfSightAnalysis(options)。

传入参数：见表12-4-45所列。

表12-4-45　传入参数

参数	类型	是否必须	说明
Options	Object	否	见Options参数

options 参数：

{

uuid:'', //传入的 uuid, 或者不传入时自动创建返回新的 uuid

closeable:true //是否显示单次分析结果的删除按钮（通过点击删除按钮来移除分析结果，或者通过 removeGraphic 删除指定对象）

}

返回结果：

{uuid: "3259a64c-0e29-3e54-f48d-ac5f425f2d0d"}

回调结果：无

示例代码：

//开始

//var fmap= new FMap()；系统只初始化一次

var uuid = fmap.lineOfSightAnalysis({closeable:true});

12.4.4.57　可视分析

功能描述：在三维场景下进行可视分析，强调视觉上的通达性，即从一个或多个位置所能看到的范围或可见程度。分析结果中不仅有视线可达区域，还包括非视线可达区域。三维地图模式下调用该方法后，在观察点处用鼠标左键点击地图，移动鼠标（过程中产生可视区域）调整可视区域，再次点击鼠标左键结束分析操作。

接口分类：地图接口。

接口方法：viewShedAnalysis(options)。

传入参数：见表 12-4-46 所列。

表 12-4-46　传入参数

参数	类型	是否必须	说明
Options	Object	否	见 Options 参数

options 参数：

{

uuid:'', //传入的 uuid, 或者不传入时自动创建返回新的 uuid

callback:function（data）{//可视区域调整过程中, 会不断地返回 data

console.log(data) //data 为 json 对象, 如：{distance：775.3},

//data.distance 为从观察点算起的视角距离（可视距离）

},

closeable:true//是否显示单次分析结果的删除按钮（通过点击删除按钮来移除分析结果，或者通过 removeGraphic 删除指定对象）

}

返回结果：

{uuid: "de74e200-f911-5e9b-7155-d4e59e1f8544"}

回调结果：无

示例代码:

//开始

//var fmap= new FMap(); 系统只初始化一次

var uuid = fmap.viewShedAnalysis({closeable:true});

12.4.4.58　分割矩形

功能描述:分割矩形功能。

接口分类:空间计算接口。

接口方法:splitRect(rectArr,number)。

传入参数:见表12-4-47所列。

表12-4-47　传入参数

参数	类型	是否必须	说明
RectArr	Array	是	矩形框左上角、右下角经纬度 [[x_1,y_1],[x_2,y_2]]
Number	String	是	矩形框分割数量4

接口返回:无。

示例代码:

//var fmap= new FMap(); 系统只初始化一次

var geoArr = [[102.775421, 30.847], [103.224, 31.1529]];

fmap.splitRect(rectArr,4);

12.4.5　数据接口

12.4.5.1　获取机构信息

功能描述:获取机构信息。

接口分类:数据接口。

接口方法:getOrgInfo(orgCode,callback)。

接口返回:无。

传入参数:见表12-4-48所列。

表12-4-48　传入参数

参数	类型	是否必须	说明
orgCode	String	是	机构代码
Callback	Function	否	回调函数 function(result){}

回调参数result:

{

total:1,

rows:[

{

```
//全称
fullName："四川省成都市公安局",
level：2,
//机构类型：10 省 11 市  12 分局  13 派出所
type："11",
 //简称
name："成都市",
//上级机构代码
parentCode："510000000000",
//机构代码
code："510100000000",
//中心坐标x,y
 centerPoint："104.06724,30.67356"
}
]
 }
```

调用示例：

```
//开始 key 和 userId 需要申请
var dataService = new FDataService（{appKey:", appUserId:"}）;

dataService.getOrgInfo('510100000000', function（s）{
console.log（s）;
}）;
```

12.4.5.2　获取下级机构

功能描述：根据上级辖区获取下级机构。

接口分类：数据接口。

接口方法：getSubsidiaries（options,callback）。

接口返回：无。

传入参数：见表12-4-49所列。

表12-4-49　传入参数

参数	类型	是否必须	说明
Options	JsonObjcet	是	见 Options 参数
Callback	Function	否	function(result){}

options 参数：

```
{
//机构代码（必需）
 orgCode:",
```

```
//是否返回边界坐标字符串(非必需) 默认:false
hasBounds:false
}
回调参数result:
{
total:1,
rows:[
{
//全称
fullName:"四川省成都市公安局",
level:2,
//机构类型:10省11市 12分局 13派出所
type:"11",
//名称
name:"成都市",
//上级机构代码
parentCode:"510000000000",
//机构代码
code:"510100000000",
//中心坐标x,y
centerPoint:"104.06724,30.67356"
//机构边界坐标字符串
bounds:'104.045645,30.965941,104.045804,30.965933,104.046104'
}
]
}
```

调用示例:

```
//开始
var dataService = new FDataService ( {appKey:'', appUserId:''} );
dataService.getSubsidiaries('510100000000', function (s) {
console.log(s);
});
```

12.4.5.3 获取机构辖区边界

功能描述:获取辖区边界。

接口分类:数据接口。

接口方法:getAreaCoord (orgCode,callback)。

接口返回:无。

传入参数:见表12-4-50所列。

表12-4-50　传入参数

参数	类型	是否必须	说明
orgCode	String	是	机构代码
Callback	Function	否	function(result){}

回调参数result：

```
{
total：1,
rows：[
{
//机构类型：10省 11市 12分局 13派出所
type："11",
 //简称
name："成都市",
//机构代码
code："510100000000",
//中心坐标x,y
centerPoint："104.06724,30.67356"
 //机构边界坐标字符串
 bounds:'104.045645,30.965941,104.045804,30.965933,104.046104'
}
]
 }
```

调用示例：

```
//开始
var dataService = new FDataService（{appKey:", appUserId:"}）;
dataService.getAreaCoord('510100000000', function（s）{
console.log（s）;
}）;
```

12.4.5.4　输入智能提示

功能描述：用户输入关键字或拼音时,输入框自动匹配要查询的数据。

接口分类：数据接口。

接口方法：autoCompleteDatas（keywords,callback）。

接口返回：无。

传入参数：见表12-4-51所列。

表12-4-51　传入参数

参数	类型	是否必须	描述
Keywords	String	是	关键字
Callback	Function	否	function(result){}

回调参数result：

```
{
total：3，
rows：[
{name："xxx"}，
{name："成都市温江区时空引擎征服者网吧"}，
{name："星空顺城网吧(半糖网吧)"}
]
}
```

调用示例：

```
//开始
var dataService = new FDataService（{appKey:"，appUserId:"}）；
var keyWord = '网吧'；
dataService.autocompleteDatas(keywords，(data) => {
console.log(data)；
})
```

12.4.5.5　图层目录查询

功能描述：查询图层信息。

接口分类：数据接口。

接口方法：getLayers（callback）。

接口返回：无。

传入参数：见表12-4-52所列。

表12-4-52　传入参数

参数	类型	是否必须	描述
Callback	Function	否	回调函数 function(result){}

回调参数result：

```
{
total：1，
rows：[
{
//图层名称
chname：""，
//图层英文名称
enname：""
}
]
}
```

调用示例:

```
//开始
var dataService = new FDataService ( {appKey:", appUserId:"} );
dataService.getLayers(function (s) {
console.log(s);
});
```

12.4.5.6　图层字段查询

功能描述:查询图层字段信息。

接口分类:数据接口。

接口方法:getLayerFields (layerId,callback)。

接口返回:无。

传入参数:见表12-4-53所列。

表12-4-53　传入参数

参数	类型	是否必须	描述
LayerID	String	否	图层ID
Callback	Function	否	回调函数 function(result){}

回调参数result:

```
{
total: 1,
rows: [
{
//字段名称
name: "",
//字段中文名称
comment: "",
/*字段类型
字符,整数,单精度浮点,双精度浮点,时间,长整形,点对象,图形对象,文件地址对象
*/
type:",
//长度
length:20,
//非空
notNull:false
}
]
}
```

调用示例：

//开始

var dataService = new FDataService （ {appKey："，　appUserId："} ）；

var layerId='850F77D00268A376E05325D51DAC3936'；

dataService.getLayerFields （layerId，　function （s） {

console.log （s）；

}）；

12.4.5.7　地理编码

功能描述：将中文地址转换为经纬度坐标

接口分类：数据接口。

接口方法：geocode （address，callback）。

接口返回：无。

传入参数：见表12-4-54所列。

表12-4-54　传入参数

参数	类型	是否必须	描述
Address	String	是	地址名称
Callback	Function	否	回调函数 function(result){}

回调参数result：

//经纬度坐标

[x，y]

调用示例：

//开始

var dataService = new FDataService （ {appKey:"，appUserId:"} ）；

dataService.geocode('成都'，function （s） {

console.log（s）；

}）；

12.4.5.8　逆地理编码

功能描述：将经纬度坐标解析成地址。

接口分类：数据接口。

接口方法：reverseGeocode （location，options，callback）。

传入参数：见表12-4-55所列。

表12-4-55　传入参数

参数	类型	是否必须说明	说明
Location	Array	是	坐标，格式为[x,y]
Options	Object	否	见Options参数
Callback	Function	否	回调函数 function(result){}

options参数：

```
{
//周边范围(米)或园半径
buffer:",
//是否扩展查询范围,取值0或1默认为0
isExtendBuffer:",
//二级查询范围 isExtendBuffer=1有效
bufferSecond:",
//三级查询范围 isExtendBuffer=1有效
bufferThird:"
//当前页默认为0
pageIndex:"
//页大小默认为30
pageSize:"
}
```

回调参数result：

```
{
 itemCount：20,
 data：[
 {
 //省
 province:",
 //市
 city:",
 //区县
 county:",
 //详细地址
 address:",
 }
 ]
}
```

调用示例：

```
//开始
var dataService = new FDataService ( {appKey:", appUserId:"} );
dataService.reverseGeocode(['104.086，30.659'],{}, function (s) {
console.log(s);
});
```

12.4.5.9 资源查询

功能描述：图层数据查询。

接口分类：数据接口。

接口方法：queryResource（queryOptions，spaceOption，callback）。

接口返回：无。

传入参数：见表 12-4-56 所列。

表 12-4-56 传入参数

参数	类型	是否必须	示例
Query Options	Object	是	属性查询条件见 Query Options 参数
Space Options	Object	否	空间条件见 Space Option 参数
Callback	Function	否	回调函数 function(result){}

queryOptions 参数：

{

//图层英文名多个图层使用逗号风格（非必需）

layer:'wb','jd',

/*

属性查询表达式（非必需）如：

1，ADDR：北京指定字段检索

2，ADDR：北京 OR ADDR：上海或检索

3，ADDR：北京 AND ADDR：上海与检索

4，ADDR：北* AND ADDR：北? 模糊检索

5，TIME：[2010-10-1 10：00：20 TO 2010-10-1 10：00：25] 包含边界的前缀范围检索

*/

attrExpress：",

//机构代码（非必需）

orgCode：",

//关键字（非必需）

keywords：",

//分页（非必需）

pager：{

//页大小默认 10

pageSize：10

//页号默认：0

pageIndex：0

},

//分组字段（非必需）

```
groupBy:"
//FQ 全文检索,GQ 分组聚合,PY 拼音查询
type:,
//时间区间(年YEAR,季QUARTER,月MONTH,周WEEK,天DAY,时HOUR)
dateInterval:"",
//请求数据方式
requestMethod:"GET",//"POST"
}
spaceOption参数:
{
//point 点, bounds 矩形查询, polygon 多边形
shapeType:",
//坐标字符串
coordinate:",
//缓冲区单位(米)
buffer:100,
precision:12
}
回调参数result:
{
total:1,
rows:[{
//经度
x:104.07063,
//维度
y:30.6702,
//id
id:"385",
//地址
address:"四川省成都市青羊区锣锅巷39号",
//所属机构代码
orgcode:"510105400000",
//图形(geojson 对象)
shape:{},
//图层
layer:"CS_HLWSWFWYYCS_PT",
//所属机构名称
orgname:"四川省成都市公安局青羊区分局太升路派出所",
```

```
//名称
name："星空顺城网吧(半糖网吧)",
//业务字段,根据图层具体配置返回
customs：{
ORIG_FID："3561",
DZBM："51010540000020141111813010 20398",
XIANJXZQH："青羊区分局",
CJDWDM："510105400000",
YWGLDM："51010510000012",
LX："网吧",
DWSQ："成都星空顺城网吧",
CJDWMC："四川省成都市公安局青羊区分局太升路派出所",
'...':'...'
}
}]
}
```

调用示例：

```
var dataService = new FDataService ( {appKey:", appUserId:"} );
var queryOptions={
//图层英文名多个图层使用数组（非必需）
layer:['wb'],
/*
属性查询表达式（非必需）如：
1,ADDR:北京指定字段检索
2,ADDR:北京 OR ADDR:上海或检索
3,ADDR:北京 AND ADDR:上海与检索
4,ADDR:北* AND ADDR:北? 模糊检索
5,TIME:[2010-10-1 10:00:20 TO 2010-10-1 10:00:25] 包含边界的前缀范围检索
*/
attrExpress:",
//机构代码(非必需)
orgCode:",
//关键字(非必需)
keywords:",
//分页(非必需)
pager:{
//页大小默认 10
pageSize:10
```

```
//页号默认:0
pageIndex:0
}
}
var spaceOption={
//point 点, bounds 矩形查询, polygon 多边形
shapeType:'bounds',
//坐标字符串
coordinate:'',
//缓冲区单位(米)
buffer:0
}
dataService.queryResource(queryOptions, spaceOption, function (s) {
console.log(s);
});
```

12.4.5.10 订阅变化数据推送

功能描述:订阅图层变化数据实时推送。

接口分类:数据接口。

接口方法:subscribeToData(monitor, condition, callback)。

接口返回:无。

传入参数:见表12-4-57所列。

表12-4-57 传入参数

参数	类型	是否必须	描述
Monitor	Boolean	是	是否监听 GPS 消息, 如果为 True 则不停地接收消息, 为 False 只接收一次
Condition	Object	是	查询条件, 参见示例 Condition
Callback	Function	否	回调函数 function(result){}

回调参数result:

```
{
  offline: ["10637", "2372", "3698", "1046", "6761", "5432", "32028", "4106", "
1095", "5484", "10689", "4158", "230", "9873", "8544", "28710", "11045", "7218", "
8596", "7270", "31515", "32844", "9004", "3750", "28762", "2421", "29373", "6810", "
2473", "30343", "10738", "3799", "1147", "29324", "6862", "5536", "4207", "1196", "
9922", "5585", "32129", "331", "9974", "30395", "8648", "7319", "11199", "380", "
8697", "28811", "32077", "9158", "3851", "10892", "30496", "6911", "29474", "31773", "
30444", "6963", "10843", "4312", "11352", "10027", "3035", "432", "11300", "32230", "
```

7424", "3087", "7473", "6147", "28916", "32181", "9210", "11251", "3904", "6199", "
29425", "9259", "31721", "1301", "1350", "2679", "10993", "5739", "4413", "8802", "
5791", "4462", "31058", "32384", "3136", "8851", "7525", "3188", "11401", "7577", "
6248", "9311", "31874", "30549", "10944", "9360", "2728", "1402", "31822", "2780", "
11506", "1454", "32436", "31107", "5840", "4514", "30699", "28354", "29680", "8903", "
5892", "3237", "638", "8952", "7626", "31159", "32485", "10229", "687", "11555", "
6353", "5076", "9465", "2829", "1503", "30650", "8188", "2881", "28302", "31923", "
5945", "11607", "32537", "3342", "739", "2065", "3391", "788", "10330", "32590", "
6454", "11659", "5128", "9514", "5177", "9566", "10281", "8240", "29781", "28455", "
8289", "30751", "1657", "28403", "29732", "4720", "29017", "11708", "4769", "2117", "
840", "3443", "7832", "6503", "2166", "3495", "30088", "7881", "6555", "29066", "
5229", "10435", "32691", "31365", "30036", "9618", "5278", "29833", "28508", "
30803", "9667", "1709", "8394", "29882", "1758", "30852", "4821", "10536", "30140", "
31466", "32792", "4870", "3544", "29118", "7933", "31414", "2271", "994", "6656", "
7986", "30189", "10585", "5383", "125", "28609", "1810", "7117", "8495", "7169", "
1863", "28658", "29987", "4922", "30957"],
    online: [{
    gpsid: "22458",
    name: "PDT1",
    x: "107.394215",
    y: "27.059687",
    ywlxdm: "02",
    zt: "02"
    }, {
    gpsid: "26233",
    name: "川Q1029警",
    x: "101.081646",
    y: "28.271148",
    ywlxdm: "01",
    zt: "01"
    }],
    queryPara: {
    uuid: "03d77acb-e38c-76e4-a6a9-d80772fb7768",
    requestIds: ["03d77acb-e38c-76e4-a6a9-d80772fb7768"],
    sendPara: {
    token: "admin",
    cmdType: "sub",
    condition: [{

```
uid："03d77acb-e38c-76e4-a6a9-d80772fb7768",
filterGeo：{
type："circle",
location："108,23",
distance：10000000
}
}]
},
monitor：true
}
}
```

调用示例：

```
var dataService = new FDataService（{appKey:", appUserId:"}）;
var uuid = getUUid（）;
var condition = [{//GPS查询参数
uid：uuid,//请求后台服务的requestid,唯一值。uid保持与后台服务一致必填项
filterGeo：{
type："circle",//polygon/circle
location："108,23", //如果type为polygon,location参数为坐标字符串:"x,y,x,y……"
distance：10000000, //半径,type为circle时有效

},
// filterCustom:{//非必须,当不存在时表示不进行属性过滤
//ssdwdm:"510100000000",//所属单位代码 -精确查询
// }
},{
uid：getUUid（）,//请求后台服务的requestid,唯一值。uid保持与后台服务一致必填项
}];
dataService.subscribeToData（true, condition, function（s）{
console.log（s）;
}）;
```

12.4.5.11 取消订阅

功能描述：取消订阅图层变化数据实时推送。

接口分类：数据接口。

接口方法：unSubscribeToData（ids）。

接口返回：ids。

传入参数:见表12-4-58所列。

表12-4-58 传入参数

参数	类型	是否必须	描述
IDS	Array	是	订阅条件中 Requestid 组成的数组 单次订阅时,如果传入多个条件(即有多个Requestid),通过任意一个ID取消订阅即可

调用示例:

var dataService = new FDataService({appKey:", appUserId:"});

 var uuid="0db14334-f20d-4a87-85ef-6d5788595a85"

 dataService.unSubscribeToData([uuid])

12.4.5.12 统计图层数据总数

功能描述:统计图层数据总数。

接口分类:数据接口。

接口方法:getLayerCount(layer,orgCode,callback)。

传入参数:见表12-4-59所列。

表12-4-59 传入参数

参数	类型	是否必须	说明
Layer	String	是	图层英文名称
orgCode	String	是	机构代码
Callback	Function	否	回调函数 function(result){}

回调参数result:

{

//数量

 total:999

}

调用示例:

//开始

var dataService = new FDataService({appKey:", appUserId:"});

dataService.getLayerCount('CS_HLWSWFWYYCS_PT', '510100000000',function(s){

console.log(s);

 });

12.4.5.13 统计图层字段数据

功能描述:统计图层字段数据。

接口分类:数据接口。

接口方法:getLayerFieldCount(options,callback)。
接口返回:无。
传入参数: 见表12-4-60所列。

表12-4-60　传入参数

参数	类型	是否必须	说明
Options	Object	是	见调用示例Options
Callback	Function	否	回调函数 function(result){}

回调参数result:

```
{
//数据条数
"total":9,
//根据字段里的类型统计结果数量
"rows":[
{"name":"个体工商户","value":"501"},
{"name":"私营","value":"271"},
{"name":"个人独资企业","value":"185"},
{"name":"有限责任公司","value":"22"},
{"name":"合伙企业","value":"8"},
{"name":"股份有限公司","value":"5"},
{"name":"其他","value":"3"},
{"name":"国有","value":"3"},
{"name":"集体","value":"2"}
]
}
```

调用示例:

```
//开始
var dataService = new FDataService ( {appKey:", appUserId:"} );
,options = {
//机构代码(非必须)
orgCode:'5101',
//字段名称(必须)
field:'bjlbdldm',
//图层英文名称(必须)
layer:'PGIS_SZDT_JQ_PT',
}
dataService.getLayerFieldCount(options, function (s) {
console.log(s);
```

｝）；

12.4.5.14　根据图形对象获取所属辖区

功能描述：根据GeoJson对象获取所属辖区。

接口分类：数据接口。

接口方法：getOrgByObj（geoStr,shapeType,orgType,callback）。

接口返回：无。

传入参数：见表12-4-61所列。

表 12-4-61　传入参数

参数	类型	是否必须	示例
geoStr	String	是	坐标串,外野采集的格式
Shape Type	String	是	图形类型, 'point', 'polyline', 'polygon'
orgType	String	是	机构类型 10 省 11 市 12 分局 13 派出所
Callback	Function	否	回调函数 function(obj){}

回调参数obj：

```
{
//机构代码
data:[{
//全称
fullName："四川省成都市公安局",
level：2,
//机构类型:10 省 11 市 12 分局 13 派出所
type："11",
//简称
name："成都市",
//上级机构代码
parentCode："510000000000",
//机构代码
code："510100000000",
//边界坐标
bounds:[]
}]

}
```

调用示例：

```
//开始
var fmap = new FMap();
var geoStr ='x,y,x,y'
 fmap.getOrgByObj(geoStr,'polygon','12', function(s){
console.log(s);
 });
```

12.4.5.15 路径规划

功能描述:路径规划。

接口分类:数据接口。

接口方法:getRouting(routOptions,callback)。

传入参数:见表12-4-62所列。

表12-4-62 传入参数

参数	类型	是否必须	说明
routOptions	JSONObject	是	见 routOptions 参数
Callback	Function	否	function(result){}

routOptions参数:

```
 {
//类型驾车 Drive,公交 Bus,步行 Walk
searchType:"
//起点 116.33297,39.99932
orig:",
//终点"116.36181,39.16875
dest:",
//驾车策略:"0" "最快路线", "1" "最短路线", "2" "避开高速
//公交策略:"0" "较快捷","1" "少换乘", "2" "少步行","3", "不坐地铁"
strategy:",
/*
径点(驾车规划时有效),例:116.35506,39.92277;116.35506,39.92277两个坐标之间
以分号隔开,坐标xy之间用逗号隔开(都是半角)
*/
mid:",
version:'V1.0',
provider:"TDT",//服务提供厂商
 }
```

回调参数result:

```
{
```

```
total：1，
rows：[{}],//解析后的路径数据
}
调用示例：
//开始
var dataService = new FDataService（{appKey：", appUserId："}）;
 var routOption = {
provider："TDT",
orig:'116.481028,39.989643',
dest:'116.465302,40.004717',
strategy:'1',
mid:'116.35506,39.92277;116.35506,39.92277',
searchType:"Walk",
version:'V1.0',
 }
 dataService.getRouting(routOption, function（s）{
console.log(s)；
 });
```

12.4.5.16　获取统计图层树

功能描述：获取统计图层树

接口分类：数据接口

接口方法：getStatisticsLayer(callback)

接口返回：无

传入参数：见表12-4-63所列。

表12-4-63　传入参数

参数	类型	是否必须	描述
Callback	Function	否	回调函数 function(result){}

回调参数result：

```
{
total：1，
rows：[
{

}
]
 }
```

调用示例：

//开始

```
var dataService = new FDataService ( {appKey:", appUserId:"} );
dataService.getStatisticsLayer(function (s) {
console.log(s);
});
```

12.4.5.17 获取图层统计字段

功能描述:获取图层统计字段。

接口分类:数据接口。

接口方法:getStatisticsField(layerId,callback)。

接口返回:无。

传入参数:见表12-4-64所列。

表12-4-64 传入参数

参数	类型	是否必须	描述
Layer ID	String	是	图层ID
Callback	Function	否	回调函数 function(result){}

回调参数result:

```
{
total: 1,
rows: [
{

}
]
}
```

调用示例:

```
//开始
var dataService = new FDataService ( {appKey:", appUserId:"} );
var layerId = '850F77D00268A376E05325D51DAC3936';
dataService.getStatisticsField(layerId,function (s) {
console.log(s);
});
```

12.4.5.18 获取用户的专题图层

功能描述:获取用户的专题图层。

接口分类:数据接口。

接口方法:getThemeLayers(callback)。

接口返回:无。

传入参数:见表12-4-65所列。

表 12-4-65　传入参数

参数	类型	是否必须	描述
Callback	Function	否	回调函数 function(result){}

回调参数 result：

{

total：1，

rows：[

{

}

]

}

调用示例：

//开始

var dataService = new FDataService（{appKey:"，appUserId:"}）；

dataService.getThemeLayers(function（s）{

console.log（s）；

}）；

12.4.5.19　查询指定图层的功能扩展

功能描述：查询指定图层的功能扩展。

接口分类：数据接口。

接口方法：getLayerExtend（layer，callback）。

接口返回：无。

传入参数：见表12-4-66所列。

表 12-4-66　传入参数

参数	类型	是否必须	描述
Layer	String	是	图层名称
Callback	Function	是	回调函数 function(result){}

回调参数 result：

[

{}//图层信息

]

调用示例：

//开始

var dataService = new FDataService（{appKey:"，appUserId:"}）；

dataService.getLayerExtend("CS_HLWSWFWYYCS_PT"，function（s）{

```
console.log(s);
});
```

12.4.5.20　访问实时更新服务

功能描述:访问实时更新服务。

接口分类:数据接口。

接口方法:liveUpdate(option,callback)。

接口返回:无。

传入参数:见表12-4-67所列。

表 12-4-67　传入参数

参数	类型	是否必须	描述
Option	JSONObject	是	图层名称
Callback	Function	是	回调函数 function(result){}

option 参数:
```
{
userName: admin, //
userId: admin, //
id: 572, //
layer: CS_HLWSWFWYYCS_PT, //图层名称
method: update, //
param: {"name":"成都时空引擎自由空间网吧","address":"四川省成都市双流县万
安镇佳苑路横二街109号","orgname":"万安派出所","orgcode":"510122640000","loca-
tion":[104.1079,30.49191]}, //

}
```

回调参数result:
```
{
succ: true,
code: 200,
msg: "操作成功！",
data: "{"method":"update","msg":"操作成功！","retcode":"success"}"
}
```

调用示例:
```
//开始
var dataService = new FDataService ( {appKey:", appUserId:"} );
dataService.liveUpdate(option, function (s) {
console.log(s);
});
```

12.4.6　高级接口

12.4.6.1　辖区定位并上图

功能描述：根据机构代码在地图上辖区定位并且上图。

接口分类：组合接口。

接口方法：showAreaByOrg（orgCode，options，callback）。

接口返回：无。

传入参数：见表12-4-68所列。

表 12-4-68　传入参数

参数	类型	是否必须	说明
orgCode	String	是	机构代码
Options	Object	是	见 Options 参数
Callback	Function	否	回调函数 function(obj){}

options 参数：

```
{
  strokeColor: "rgba(0,255, 0, 1)",//边线颜色(非必须)
  strokeWidth: 2,//边线宽度(非必须)
  uuid:"uuid",//
}
```

回调参数 obj：

```
{
uuid: "9adfce46-1970-b056-26b3-0d9f4c10012e",
data:{
//全称
fullName: "四川省成都市公安局",
level: 2,
//机构类型:10 省 11 市  12 分局  13 派出所
type: "11",
 //简称
name:"成都市",
//上级机构代码
parentCode:"510000000000",
//机构代码
code: "510100000000",
//中心坐标x,y
centerPoint: "104.06724,30.67356"
}
```

```
}
```
调用示例：
```
//开始
 //var fmap= new FMap（）；系统只初始化一次
var options = {
strokeColor："rgba(0,255，0，1)",//边线颜色(非必须)
strokeWidth：2,//边线宽度(非必须)
};
fmap.showAreaByOrg("510106000000"，options，function（s）{
console.log(s);
 });
```

12.4.6.2　图形定位机构辖区并上图

功能描述：根据数据定位机构辖区边界并上图。

接口分类：数据接口。

接口方法：showAreaByObj(geojson，orgType，style，callback)。

接口返回：无。

传入参数：见表12-4-69所列。

表 12-4-69　传入参数

参数	类型	是否必须	示例
Geojson	Object	是	GeoJson 格式数据
orgType	String	是	机构类型 10 省 11 市 12 分局 13 派出所
Style	Object	是	见 Style 参数
Callback	Function	否	回调函数 function(obj){}

style参数：
```
{
strokeColor："rgba(0,255，0，1)",//边线颜色(非必须)
strokeWidth：2,//边线宽度(非必须)
}
```
回调参数obj：
```
 {
uuid："9adfce46-1970-b056-26b3-0d9f4c10012e"，
```

```
//机构代码
 data：[{
 //全称
 fullName："四川省成都市公安局",
 level：2,
 //机构类型：10 省 11 市  12 分局  13 派出所
 type："11",
  //简称
 name："成都市",
 //上级机构代码
 parentCode："510000000000",
 //机构代码
 code："510100000000",
 //边界坐标
 bounds：[]


 }]


 }
```
调用示例：
```
//开始
var fmap = new FMap（）；
var geojson = {}；//标准的 GeoJSON 格式，支持点、线、面
var options = {
strokeColor："rgba（0,255，0，1)",//边线颜色（非必须）
strokeWidth：2,//边线宽度（非必须）
 }
 fmap.showAreaByObj（geojson,'12', options，function（s）{
console.log（s）；
 }）；
```

12.4.6.3　GPS 查询上图

功能描述：通过 GPS 查询并上图，可多次查询。每次查询会传入一个或多个 Request-tid 即 Uuid，该参数很重要，应用编程中需要记录下来，可用于删除查询结果并同时结束消息订阅状态，否则会不断更新查询结果中 GPS 的当前位置。

接口分类：高级接口。

接口方法：queryGPSToMap（monitor， condition， callback）。

接口返回：无。

传入参数：见表 12-4-70 所列。

警用大数据
空间地理信息技术规范与应用研究

表12-4-70　传入参数

参数	类型	是否必须	描述
Monitor	Boolean	是	是否监听GPS消息，如果为True则不停地接收GPS点位消息，为False只接收一次
Condition	Object	是	查询条件，参见示例Condition
Callback	Function	否	回调函数 function(result){}

回调参数result：

{
    offline：["10637", "2372", "3698", "1046", "6761", "5432", "32028", "4106", "1095", "5484", "10689", "4158", "230", "9873", "8544", "28710", "11045", "7218", "8596", "7270", "31515", "32844", "9004", "3750", "28762", "2421", "29373", "6810", "2473", "30343", "10738", "3799", "1147", "29324", "6862", "5536", "4207", "1196", "9922", "5585", "32129", "331", "9974", "30395", "8648", "7319", "11199", "380", "8697", "28811", "32077", "9158", "3851", "10892", "30496", "6911", "29474", "31773", "30444", "6963", "10843", "4312", "11352", "10027", "3035", "432", "11300", "32230", "7424", "3087", "7473", "6147", "28916", "32181", "9210", "11251", "3904", "6199", "29425", "9259", "31721", "1301", "1350", "2679", "10993", "5739", "4413", "8802", "5791", "4462", "31058", "32384", "3136", "8851", "7525", "3188", "11401", "7577", "6248", "9311", "31874", "30549", "10944", "9360", "2728", "1402", "31822", "2780", "11506", "1454", "32436", "31107", "5840", "4514", "30699", "28354", "29680", "8903", "5892", "3237", "638", "8952", "7626", "31159", "32485", "10229", "687", "11555", "6353", "5076", "9465", "2829", "1503", "30650", "8188", "2881", "28302", "31923", "5945", "11607", "32537", "3342", "739", "2065", "3391", "788", "10330", "32590", "6454", "11659", "5128", "9514", "5177", "9566", "10281", "8240", "29781", "28455", "8289", "30751", "1657", "28403", "29732", "4720", "29017", "11708", "4769", "2117", "840", "3443", "7832", "6503", "2166", "3495", "30088", "7881", "6555", "29066", "5229", "10435", "32691", "31365", "30036", "9618", "5278", "29833", "28508", "30803", "9667", "1709", "8394", "29882", "1758", "30852", "4821", "10536", "30140", "31466", "32792", "4870", "3544", "29118", "7933", "31414", "2271", "994", "6656", "7986", "30189", "10585", "5383", "125", "28609", "1810", "7117", "8495", "7169", "1863", "28658", "29987", "4922", "30957"],
    online：[{
    gpsid："22458",
    name："PDT1",
    x："107.394215",
    y："27.059687",
    ywlxdm："02",

```
zt："02"
}，{
gpsid："26233"，
name："川Q1029警"，
x："101.081646"，
y："28.271148"，
ywlxdm："01"，
zt："01"
}]，
queryPara：{
uuid："03d77acb-e38c-76e4-a6a9-d80772fb7768"，
requestIds：["03d77acb-e38c-76e4-a6a9-d80772fb7768"]，
sendPara：{
token："admin"，
cmdType："sub"，
condition：[{
uid："03d77acb-e38c-76e4-a6a9-d80772fb7768"，
filterGeo：{
type："circle"，
location："108,23"，
distance：10000000
}
}]
}，
monitor：true
}
}
```

调用示例：

```
//var fmap= new FMap()；系统只初始化一次
var uuid = getUUid()；
var condition = [{//GPS查询参数
uid：uuid，//请求后台服务的requestid,唯一值。uid保持与后台服务一致必填项
zIndex：100,//gps的图层级别
filterGeo：{
type："circle"，//polygon/circle
location："108,23"，//如果type为polygon,location参数为坐标字符串："x,y,x,y……"
distance：10000000，//半径,type为circle时有效
},
```

// filterCustom: {//非必须,当不存在时表示不进行属性过滤

//ssdwdm:"510100000000",//所属单位代码 -精确查询

// }

showTitle:true,//是否显示GPS名称默认为false

fontColor:'#FFFF00',//名称颜色默认黄色(非必须)

fontSize:10,//字体大小单位px 默认12(非必须)

offsetX:0,//水平文本偏移量(以像素为单位);将把文本右移

offsetY:5//垂直文本偏移量(以像素为单位);将文本向下移动

 }];

 fmap.queryGPSToMap(true, condition, function (s) {

console.log(s);

 });

12.4.6.4　修改GPS点样式

功能描述:修改GPS点样式。

接口分类:地图扩展接口。

接口方法:modifyGPSStyle(uuid,gpsid,style)。

传入参数:见表12-4-71所列。

表12-4-71　传入参数

参数	类型	是否必须	说明
Uuid	String	是	GPS 的查询 Uuid
Gpsid	String	是	需要修改的 Gpsid
Style	Object	否	样式参见示例代码 Style 参数

返回参数:无

调用示例:

//开始

 //var fmap= new FMap(); 系统只初始化一次

var style={

image:"url",//需要修改的图片url地址,不传恢复到gps点本身的样式

scale:1,//图片放大的倍数,默认1

}

fmap.modifyGPSStyle(uuid,gpsid,style);

12.4.6.5　显示实时轨迹

功能描述:显示实时轨迹,配合GIS查询上图功能来使用,先进行GPS查询上图(激活GPS数据订阅状态,实时推送最新位置),根据返回的GPS编号来设置需要显示轨迹的GPS。当IDS为多个GPS编号时,地图上会出现多个GPS的运动轨迹,当IDS为一个点时,地图上只会出现一个GPS的运动轨迹。

接口分类:地图扩展接口。

接口方法:realtimeTracks (ids)。

接口返回：无。

传入参数：见表12-4-72所列。

表12-4-72　传入参数

参数	类型	是否必须	说明
IDS	Array	是	追踪点位数据ID数组

调用示例：

//开始

　//var fmap= new FMap（）；系统只初始化一次

fmap.realtimeTracks（ids）；

12.4.6.6　取消实时轨迹

功能描述：取消实时轨迹。

接口分类：地图扩展接口。

接口方法：cancelRealtimeTracks（ids）。

传入参数：见表12-4-73所列。

表12-4-73　传入参数

参数	类型	是否必须	说明
IDS	Array	是	GPS编号数组

返回参数：无

调用示例：

//开始

　//var fmap= new FMap（）；系统只初始化一次

fmap.cancelRealtimeTracks（ids）；

12.4.6.7　设置监控点

功能描述：设置监控点，配合GIS查询上图功能来使用，先进行GPS查询上图（激活GPS数据订阅状态，实时推送最新位置），根据返回的GPS编号来设置监控点。当IDS为多个GPS编号时，地图可视范围跟随多个GPS点的组合范围进行移动，当IDS为一个点时，地图中心点始终跟随GPS点移动。

接口分类：数据接口。

接口方法：trackMarkers（ids，clearOther，callback）。

接口返回：无。

传入参数：见表12-4-74所列。

表12-4-74　传入参数

参数	类型	是否必须	描述	示例
IDS	Array	是	监控的点位ID	['34','43','5'...]
Clear Other	Boolean	是	是否清除以前的监控点	True:清除,false:不清除
Callback	Function	否	回调函数	function(result){}

回调参数result：

```
{
data：[{}{}]，//数据
extend：[x，y，x，y]//监控范围
mainIds：[]//id数组
}
```

调用示例：

```
//开始
//var fmap= new FMap（）；系统只初始化一次
var dataService = fmap.getDataService（）；
var gpsids = ['1211','10086','22221', '44444', '29510']
DataSource.trackMarkers（gpsids，false，（data）=> {
console.log（data）；
}）
```

12.4.6.8　取消监控点

功能描述：取消监控点。

接口分类：数据接口。

接口方法：cancelTrackMarkers（ids）。

传入参数：见表12-4-75所列。

表12-4-75　传入参数

参数	类型	是否必须	描述	示例
IDS	Array	是	监控的动态点	['34', '43', '5'...]

返回参数：无

调用示例：

```
//开始
//var fmap= new FMap（）；系统只初始化一次
var dataService= fmap.getDataService（）；
var gpsids = ['1211','10086','22221', '44444', '29510']
DataSource.cancelTrackMarkers（gpsids）
```

12.4.6.9　查询热力图

功能描述：通过后台服务查询数据展示热力图。

接口分类：数据展示。

接口方法：queryHeatMap（options）。

传入参数：见表12-4-76所列。

表12-4-76　传入参数

参数	类型	是否必须	说明
Options	Object	是	见Options参数

options 参数：
//多条件时，取条件交集
{
//空间范围（非必需）
bounds：[[103.78, 31.51], [104.99, 30.79]]
//point 点，bounds 矩形查询，polygon 多边形
shapeType：''，//新加参数参数为 point polygon 时 bounds 参数为字符串格式'103.78, 31.51, 104.99, 30.79'
//缓冲区单位（米）
buffer：100，//新加参数 shapeType 为 point 时有效
//图层 CODE'（非必须）
layers：''，
//'地图级别'（非必须）
zoom：12
//颜色控制（非必须）
gradient：{
//热力图渲染颜色等级划分，可任意设置颜色支持十六进制或 rgb
'0.3'：'rgba(255, 0, 0, 1)'，//根据热力值进行等级划分，数值由小到大，前 30%渲染成红色
'0.65'：''，//根据热力值进行等级划分，数值由小到大，30%~60%渲染成其他颜色
'0.8'：''，//根据热力值进行等级划分，数值由小到大，60%~80%渲染成红色
'0.95'：''
}，
//过滤条件（非必须）
filter：''
//机构代码（非必须）
orgcode：''
}
接口返回：
{
uuid："0db14334-f20d-4a87-85ef-6d5788595a85"
}
调用示例：
//开始
//var fmap= new FMap()；系统只初始化一次
var options = {
bounds：position，//屏幕范围（非必须）
layers：'CS_HLWSWFWYYCS_PT'，//图层 code（非必须）

```
zoom：12,//地图级别(非必须)
gradient：{//热力图颜色控制
'0.3'：",//rgba模式
'0.65'：",//rgba模式
'0.8'：",//rgba模式
'0.95'："//rgba模式
},
orgcode:'510100000000'//机构代码(非必须)
}
fmap.queryHeatMap(options)
```

12.4.6.10　查询热点图

功能描述：通过后台服务查询数据热点图。

接口分类：数据展示。

接口方法：queryHotSpot(options)。

传入参数：见表12-4-77所列。

表12-4-77　传入参数

参数	类型	是否必须	说明
Options	Object	是	示例代码见 Options 参数

接口返回：

```
{
uuid："0db14334-f20d-4a87-85ef-6d5788595a85"
}
```

调用示例：

```
//开始
var fmap = new FMap();
var options = {
uuid:"uuid",//自定义uuid
customIcon：["url"],//图片url
condition：{
// bounds:'75,41,119,17',(非必须)
// polyline:",线类型(非必须)
// polygon:'104.06,30.69,104.69,30.62,104.106,30.62',面类型(非必须)
// location:'104.06,30.69',//点类型(非必须)
// buffer:100,点,线查询缓冲半径米(非必须)
},
extendAttr:null,
```

```
filterCustom: 'GGLDM.keyword:B0311', //过滤条件(非必须)
layers: 'PGIS_SZDT_JQ_PT', //图层CODE 必须
orgcode:'510100000000'//机构代码(非必须)
keywords: '报警内容63' , //关键字查询(非必须)
zIndex:1, //图层的 zIndex 值,值越大,图层层级越上面
scale:0.5  // 默认0.5,图片放大的倍数
 }
var uuid=fmap.QueryHotSpot(options);
```

第*13*章

PGIS门户系统通用技术介绍

13.1　范围

本部分规定了PGIS门户系统架构、功能等技术要求。

本部分用于部级、省级、市级PGIS门户系统的设计、开发和部署。

13.2　概述

PGIS门户系统支持门户定制化功能，提供基于业务数据的空间查询统计、时空分析比对、路径规划以及制图标绘等实战业务需要的一站式解决方案。

13.3　系统架构和功能组成

此门户系统主要包含首页定制、视频监控、交通卡口、警务标绘、路径规划、志愿者地图、三维地图浏览、权限设置等功能模块，如图13-3-1所示。

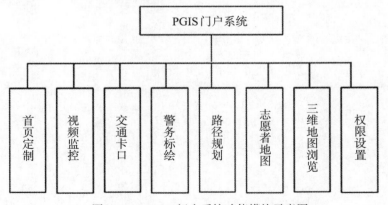

图13-3-1　PGIS门户系统功能模块示意图

13.4 系统功能要求

13.4.1 首页定制

首页定制应符合以下要求。

（1）支持时空统一查询的方式，提供各类业务数据的查询功能。通过选择查询的空间范围、时间跨度范围以及图层与关键字，可以实现任意业务数据的上图展现。

（2）支持地图与业务数据的宏观视图统计，为各类数据提供空间分析、为战略决策提供信息，提供对业务数据进行时空分析的能力。

（3）支持多种模式地图，如二维地图、三维地图、街景地图等；支持多种地图底图，如栅格地图服务和矢量地图服务；支持多种样式风格，提供更好的查询展示效果，让业务数据更加突出。

（4）支持GIS系统的相关常见需求，如测量距离、测量面积、清楚地图上的覆盖物、标绘、打印地图等。

（5）支持组件开发技术，时空统一查询输入框、查询结果、统计概略图、统计地图、标绘等功能都以组件的方式构建，根据需求变化灵活调整，实现门户的定制化开发需求。

13.4.2 视频监控

13.4.2.1 视频定位展示

视频定位展示应符合以下要求。

（1）支持视频点位按组织机构树状排列，包含每一级组织机构的视频点位总数、在线数、故障离线数。

（2）支持查询视频点位的属性信息，包含厂商名称、点位名称、设备类型、所在地址、管辖单位等等。

13.4.2.2 空间过滤

空间过滤支持视频点位的空间制定范围的空间查询过滤。

13.4.2.3 视频点播

视频点播应符合以下要求。

（1）支持点播指定视频点位的实时视频。通过视频播放窗口与浏览器的集成，可以在享受Chrome等先进的浏览器上带来的优秀前端用户体验。

（2）支持视频点播可以单独播放一个视频点位的视频，也可以播放多个视频点位的视频。多个视频点位的播放窗口可以如同传统的视频管理系统一样自由排列、切换。

13.4.3 交通卡口

13.4.3.1 交通卡口定位展示

交通卡口定位展示应符合以下要求。

（1）支持交通卡口点位按组织机构树状排列，包含每一级组织机构的视频点位总数、在线数、故障离线数。

（2）支持查询卡口点位的属性信息，包含厂商名称、点位名称、设备类型、所在地址、管辖单位等等。

13.4.3.2 空间过滤

支持卡口点位的空间制定范围的空间查询过滤。

13.4.3.3 卡口过车查询

（1）支持查询指定卡口的过车信息，包含卡口点位的过车信息。

（2）支持对过车记录进行过滤查询，查询结果以列表展示，并展示车辆照片。

13.4.3.4 车辆轨迹

（1）支持查询指定车辆在指定时间范围内的行驶轨迹。查询结果按照时间顺序在列表中排序显示。

（2）支持在电子地图上显示历史轨迹，提供按时间顺序播放功能。

13.4.4 警务标绘

13.4.4.1 标绘符号制作与管理

支持简历符号库，符号库中包含以公安部颁布的地理信息标准制作的标准符号，也包括用户自定义符号，也支持对符号库中符号进行管理。

13.4.4.2 地图标绘

（1）支持对标绘内容按照不同的步骤、不同时间段、不同的空间范围分解为不同的部分，每个部分可以单独保存，单独显示。

（2）支持针对同一作战任务，可以制订不同的方案，以便后续进行比对分析。

13.4.4.3 动态推演

支持通过对标绘对象设置阈值条件，在标绘文件播放过程中控制标绘对象是否出现以及出现的时间顺序，并进行态势动态推演。

13.4.5 路径规划

路径规划应符合以下要求。

支持驾车、骑行、步行等多模式的路径分析与规划，提供路径起点、终点与途径点的设置，并包含最短路径、最快路径等多条路径查询。

13.4.6 志愿者地图

支持民警在使用过程中对各类地物位置、感兴趣的名称，或者有错误的地理信息进行纠错与更新，并提供快捷上报功能。审核通过后该标注内容可以发布到地图中供所有用户使用。

13.4.7 三维地图浏览

（1）支持加载展示三维模型数据，提供二、三维一体化的场景展示。

（2）支持在三维地图上的地图操作、量测等，结合空间分析能力提供三维可视化决策支持。

13.4.8　权限设置

1. 用户登录

支持用户名 / 密码登录与PKI认证登录两种登录方式。

2. 功能管理

支持根据权限管理系统对系统功能进行访问控制，对于需要授权的功能模块，只允许有权限的用户使用。

3. 数据管理

支持根据系统功能进行访问控制，对于需要授权的功能模块，只允许有权限的用户使用。

4. 安全审计

支持对系统功能进行访问控制，对于需要授权的功能模块，只允许有权限的用户使用。

第 *14* 章

资源定位服务系统通用技术介绍

14.1 范围

本部分规定了资源定位服务系统架构、功能等技术要求。

本部分用于部级、省级、市级资源定位服务系统的设计、开发和部署。

14.2 概述

资源定位服务系统是在公安信息网提供的统一位置资源信息联网共享服务，其通过部、省、市三级联网机制，更好地满足公安部以及省级指挥中心对跨省市警力资源的调用、定位以及实时查看的迫切需求。它可以应用于突发事件应急处置、大型活动安保等相关工作中，能有效提升跨区域协同指挥和辅助决策中的效率及能力。

14.3 系统架构和功能组成

资源定位服务系统的系统与功能架构如图14-3-1所示。

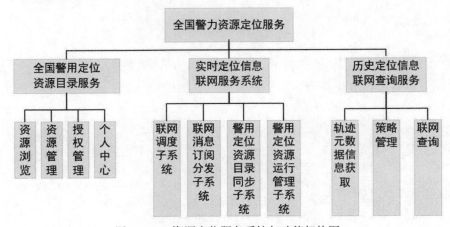

图 14-3-1 资源定位服务系统与功能架构图

1. 体系结构设计

定位信息联网服务包括定位资源目录服务，实时定位信息联网服务和轨迹联网服务三部分。总体结构图如14-3-2所示。

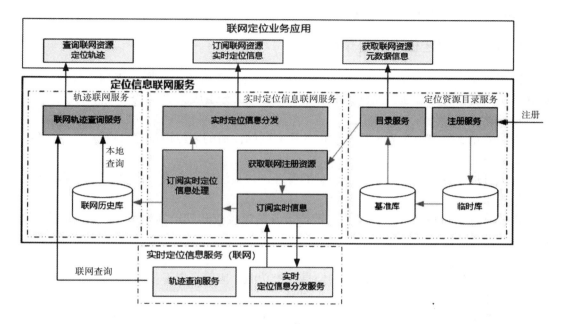

图14-3-2 服务体系结构图

定位资源目录服务实现对联网定位资源的统一注册和发布管理，实时定位信息联网服务实现对实时定位信息的联网，轨迹查询服务实现对轨迹的联网查询服务。

2. 各节点结构

市级节点：部署实时定位信息接入系统；可选统一轨迹查询服务；实时定位信息接入系统，负责从本市 PGIS 平台定位信息接入，同时也支持从其他来源的定位信息接入。统一轨迹查询服务负责本市的轨迹存储以及发布对外查询服务接口。

省级节点：部署实时定位信息联网服务系统，包括联网调度子系统、联网消息订阅分发子系统、两警用定位资源运行管理系统、统一轨迹查询服务四部分。如果省级节点有自己的定位信息接入，则省级节点也需要部署实施定位信息接入系统。

部级节点：部署实时定位信息联网服务系统，包括联网调度子系统和联网订阅分发子系统和全国警用定位资源目录服务系统。

14.4　系统功能要求

资源定位服务系统主要功能包括警用定位资源目录服务、实时定位信息联网服务系统以及历史定位信息联网查询服务。

14.4.1　警用定位资源目录服务

警用定位资源目录服务支持警力定位设备信息资源的统一注册、查询及管理。它主要由资源浏览、资源管理、授权管理、个人中心四部分组成。

1. 资源浏览

资源浏览支持浏览查看所属范围内的所有联网注册的定位设备信息资源。

2. 资源管理

资源管理支持对定位设备资源信息的管理，包括注册、删除、修改及下载等功能。

3. 授权管理

授权管理支持按照需求将所属的定位设备资源授权转发给其他用户，实现设备资源共享。

4. 个人中心

个人中心包括用户信息以及联网信息两个功能，应符合以下要求。

（1）用户信息支持登录密码的修改管理。

（2）联网信息支持设置本地消息服务器的相关信息，便于其他联网节点的用户能发现要订阅设备所在的服务器等信息。

14.4.2　实时定位信息联网服务系统

14.4.2.1　联网调度子系统

联网调度主要包括负载节点状态和联网节点统计两个功能，应符合以下要求。

（1）负载节点状态支持负载模块工作状态监控，包括所有的负载节点以及相应的节点状态、订阅发起端的地址、数据提供端的地址、每次订阅设备的数量和订阅设备总量。

（2）联网节点统计支持统计各省实时信息情况，并支持不同时间范围统计以包括柱状图统计和饼状图统计两种展现方式。

14.4.2.2　联网消息定位分发子系统

联网消息订阅分发实现实时定位信息的统一接入、存储、订阅及分发等功能，应符合以下要求。

（1）联网订阅支持从联网调度模块的接收订阅请求，向指定的实时定位信息接入子系统发起实时动态信息订阅请求，并接收相应的信息。

（2）本地分发支持将联网订阅的设备信息转发给接收客户端。

（3）实时信息存储支持将订阅到的实时位置数据高速缓存到Redis。

14.4.2.3　警用定位资源目录同步子系统

警用定位资源目录同步子系统支持公安各级警用定位资源目录服务系统的注册定位

资源设备的数据同步。

14.4.2.4　警用定位资源运行管理子系统

警用定位资源运行管理支持定位资源联网的节点状况及注册的定位资源统计分析，应符合以下要求。

（1）页面支持设备注册总量、节点运行状况等状态展示。它包括设备活跃的数量、各节点的名称、节点的连接状态。

（2）定位资源统计分析支持按注册类型进行定位资源的统计和定位信号的统计，并可通过定位资源统计查看节点的详细信息，以及可通过"Excel导出"功能进行设备信息的导出操作。

14.4.3　历史定位信息联网查询服务

历史定位信息联网查询服务由各联网节点采用提供在线的历史定位信息联网查询服务功能。历史定位信息存储需存储不小于半年时间。

历史定位信息联网查询服务支持轨迹联网查询，对大量轨迹数据进行查询处理。联网轨迹查询体系结构如图14-4-1所示。

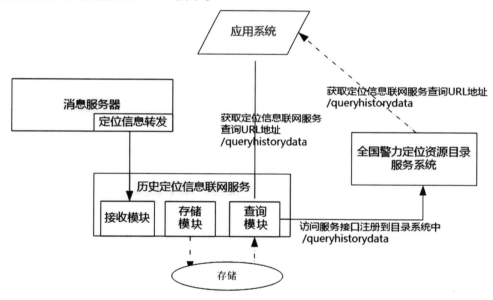

图14-4-1　联网轨迹查询体系结构图

14.4.3.1　轨迹元数据信息获取

轨迹元数据信息获取支持通过获取联网节点的轨迹元数据信息。相关信息主要包括轨迹服务的URL地址、查询轨迹范围（时间区间）、轨迹数据频率、数据量大小，以及本地是否进行了联网定位轨迹的存储。

14.4.3.2　**策略管理**

策略管理支持基于大数据量的轨迹数据高效查询。它主要包括数据抽稀处理、分段查询处理、分级查询处理等不同的策略机制，应符合以下要求。

（1）数据抽稀处理支持采用矢量数据抽稀算法（保形抽稀）对查询出的轨迹数据继续抽稀，减少数据量。

（2）分段查询处理支持大轨迹量以及在跨天查询等情况下提供分段查询策略机制，分段分批进行数据查询，以提高效率。

（3）分级查询处理支持结合前端的地图的展现，参考地图显示的级别及区域范围，进行相应的数据抽稀处理，提高数据查询效率。

14.4.3.3　**联网查询**

联网查询支持通过调用远程轨迹联网的服务接口进行轨迹数据的查询。该服务主要向部业务局提供。

第*15*章

三维沙盘应用系统通用技术介绍

15.1 范围

本部分规定了三维沙盘应用架构、功能等技术要求。

本部分用于部级、省级、市级电子沙盘系统的设计、开发和部署。

15.2 概述

三维沙盘应用系统基于PGIS应用系统所提供的服务，结合实战指挥业务需要，为其提供二、三维一体化的实战场景，以更形象、直观的方式进行警情指挥调度，辅助决策，达到在三维地图上对人员相关资源优化部署的目的；利用二、三维一体化的数据查询、空间分析、统计报表、作战标绘、汇报展示、三维展示等核心功能，通过作战制图文档的分享，实现实战指挥的互动交流，使作战意图更加生动明确；通过时间和空间维度对管辖区域的警情分析，利用动态热力的展示功能，直观展示警情发生的趋势，为实战指挥提供依据和决策支持。

15.3 系统架构和功能组成

三维沙盘应用按照"统一规划、统一部署、有序推进、突出应用"的总体思路，结合二、三维一体化应用系统提供的地图融合服务、导航服务、综合定位服务、地名地址服务、路径规划服务、实时路况等服务。通过搭建三维沙盘应用系统，我们可以建设方案制作、模拟推演、方案执行、事件复盘等模块，实现实战指挥在三维数字地图上的态势展现、作战指挥、在线制图、动态分析，为辅助实战指挥决策提供有力支撑。三维沙盘应用系统架构如图15-3-1所示。

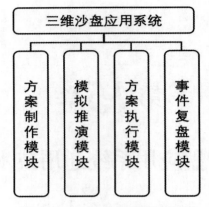

图15-3-1 三维沙盘应用系统架构

15.4 系统功能要求

15.4.1 方案制作模块要求

15.4.1.1 用户登录

登录界面采用权限管理系统登录方式，支持以PKI数字证书以及用户名密码进行登录。默认使用PKI数字证书方式登录，用户登录后从PKI数字证书读取登录用户的级别和业务部门。

15.4.1.2 方案制作

1.本地方案管理

（1）本地方案管理

在进入安保活动模块时，提供本地方案的管理功能，支持新建安保方案，删除已有的安保方案，以及进入方案编辑模式和方案执行演示模式。

方案采用轮播的方式进行页面切换，用户可通过页面切换选择所要的方案，并查看方案缩略图、文档名称、作者名等。

（2）创建安保方案

①创建安保方案：允许用户创建属于自己的安保方案。

②保存安保方案：允许用户对安保方案进行保存。

③删除安保方案：允许用户删除拥有编辑权限的安保方案。

④执行安保方案：允许用户执行演示安保方案，类似PPT一样播放。

（3）图上人员部署

制图文档可根据警务或安保任务的人员部署安排，在图上选定相应位置或区域，并指定参与任务的机构和单位来报备执行任务的人员，以及制定对于任务人员所需配备的装备及任务要求。

图上人员部署支持对人、事物、交通工具、人员等信息的添加，并支持对对应人员进行说明描述，为后续推演提供更加详细的信息支撑。

2. PGIS 对接应用

（1）方案文档制作与设置

每份文档按分页文档的形式来组织。每一页包含一张地图（可以有不同的中心点、缩放级别、底图类型），以及地图上的标注、标绘、统计图、文字描述等多种元素。每页页面大小固定且相同，在创建时指定页面大小，后期可以调整。实现活动安保、警卫任务、警务行动、警情指挥时，方案分级管理，统分结合，动静结合，将方案与指挥无缝衔接，并对指挥决策、方案实时动态调整，提供真实可靠的依据。

（2）方案要素编辑扩展

①时空检索查询

提供多种时空检索服务，包括时空表达式检索，智能查询、智能联想及回退、空间资源检索，查询结果高亮显示、查询关联操作，查询结果保存等。

②空间统计展示

方案要素编辑拥有图层资源辖区统计功能，系统自动对所有图层的字典项按管辖区执行统计计算，并缓存统计结果。

统计展示条能提供多样化的统计方式。它可基于地图进行辖区定位，根据组织机构选择相应市、区（县）、派出所进行定位并基于辖区的图层资源进行统计，系统将对基于辖区的所查图层按指定字典项执行统计计算，并缓存统计结果。

数据展示列表可进行数据编辑，并保存数据统计结果。多样化统计展示条能提供多样化结果展示，支持扇形分布图、柱状对比图、折线图、热力图保存统计结果。

③空间标绘

方案要素编辑可在地图上手工标绘，编辑标绘对象等。

④标绘工具

标绘工具有点标绘、文字标绘、线标绘、面标绘、箭头标绘，并可对标绘对象进行编辑与管理。

⑤自定义标绘组件

方案文档中，每个页面可以包含多元的标绘对象和自定义标绘对象（支持北斗/GPS定位设备轨迹查询保存，并编辑标绘上图形成安保路线），支撑作战方案制订、方案推演、方案复盘、方案汇报，实现更加灵活、方便、可视化程度更高的全流程作战预演，更加有助于实战指挥方案的可执行分析研判和作战情况总结汇报。

⑥标绘对象高亮显示

制图文档中在地图上查询的图层数据和路网数据能根据需要高亮显示。

⑦路径规划

通过调用 PGIS 系统位置及导航服务，提供路径规划功能，可将选择的点位或查询的地址作为起点，输入或通过地图选点的方式选择终点，通过路径规划服务分析，将起点与终点的路径（最短路径、时间优先）在地图上进行展示。通过调取路径导航服务得到的规划路线，在地图上可根据需要高亮显示。

⑧测量测距

制图文档可在二维地图上进行测距、测面、测高的量算。

⑨页面综合保存和展示

将统计信息和查询到的点位信息在单独的页面中和各种标绘内容在同一个页面保存和展示，实时展现指挥资源调度宏观统计，为评估方案的合理性，指挥资源的优化调整提供重要依据。

（3）媒体素材管理

①媒体素材来源多元化

制图文档中每个页面可以包含多种元素，页面内可以引入其他素材，比如图片、视频等。图片、视频可以来源于用户自己上传，也可以来源于PGIS已经完成对接的图综平台（历史视频回放）、卡口系统（卡口过车照片）等业务系统。还可将空间统计结果或统计图固定在文档的当前页面上，也可保存为素材加入素材库。

②媒体素材库建设

文档内容中的多媒体素材可以集中管理，包括查看素材列表、上传新的素材、删除素材等。被某个文档引用的素材不能直接删除，需要修改文档去掉对素材的引用之后，才能删除未被使用的素材。媒体素材库的建设能够支撑作战方案制订、方案推演、方案复盘、方案汇报，实现更加灵活、方便、可视化程度更高的全流程作战预演，更加有助于实战指挥方案的可执行分析研判和作战情况总结汇报。

（4）方案保存与预览播放

①方案保存

安保活动推演功能基于PGIS地图，对安保方案（包括活动路线、人员部署等）执行情况进行事前人员预置、分析、推演。实现在推演过程中发现安保盲点，及时调整安保方案，确保活动在正式举行时能够做到全面保障。

②预览播放

方案文档内容可以像PPT一样播放，用户可以设置页面间的切换动画效果以及页面内不同元素出现的顺序。切换页面时，系统自动切换地图的中心点、缩放级别、底图类型。实战指挥方案实现文档播放的形式，相比传统的文字、图片、视频，让方案活了起来，能有助于更加生动的汇报方案，更加突出和快速表述作战意图和部署。

（5）安保任务人员报备

接收到上级公安机关的安保任务人员部署后，将任务分派拆分到具体人员，可统一由勤务规划人员进行统一报备，也支持执行人员通过移动警务终端进行确认。

安保任务是单位针对有重大事件或重大活动进行的人员部署报备，也可将该事件对下级单位进行下派，下级单位收到该事件再针对该事件进行报备。通过报备可提前掌握该活动的人员部署情况。

安保任务通过填报事件信息（事件名称、事件级别、事件起止时间、事件详细描述），选择下派单位，填报报备信息（班次时间、巡区、警组、巡控方式、终端报备、装备报备、通讯设置、武装着装），即可报备成功。

15.4.2　模拟推演模块要求

15.4.2.1　方案推演

安保方案模拟推演包括模拟动画播放功能、播放控制功能。对制作的安保方案进行动态查看，地图上会根据预先设置的方案各要素及工作任务时序逐步进行模拟播放展示。方案推演可选择已制订完成的方案，支持方案名称的搜索、方案分类选择等。

15.4.2.2　推演控制

对所选安保方案进行动画方式播放、暂停、停止、制定节点续播，帮助其掌握方案各环节任务安排。支持对推演过程中行进速度的调整及360°视角的调整。推演过程中能够同步点击查看人员资源部署情况信息。支持对推演过程的录屏、截图等操作。

15.4.2.3　警务信息一张图快速叠加展示

实现110警情、北斗/GPS警用移动终端等定位设备、重要部位卡点、视频点位、制高点的一键叠加对接上图。根据安保区域范围和人员任务，在地图上直观展示安保区域内及周边的人员位置与工作状态（报备信息）、警情状态、警务资源等信息。

通过该功能可以实时掌握辖区内人员位置，运行状态及人员报备信息，周边警情状态，警务资源（卡点、视频点位、制高点）的情况。

15.4.2.4　安保要素周边资源分析

通过空间维度对管辖区域的安保要素周边资源进行统计，对数据进行聚合，以热点的方式进行渲染呈现，将加油站、消防设施、相关单位、制高点、视频、一周内警情、一周内案件等资源图层进行叠加分析。

15.4.3　方案执行模块要求

15.4.3.1　任务下发

通过组织机构与人员列表来选择共享给某个单位（下属所有成员）、某个人或者单位与个人的组合，实现活动安保，警卫任务，警务行动，指挥方案的编制、上报以及任务下派。

1. 安保任务下发

根据省厅或市局创建的安保任务，可将安保任务下发给各参与安保的单位进行任务填报。系统具有通知通告下发功能，使用平台上的通知通告功能，通知通告在发布后会立即发送到其他的指挥调度平台和人员的移动终端上，并会以声音、颜色等方式提示用户查看任务。通知、通告发布可以发送文字、图片等。

指令下发后，所有接受单位都将有指令回复单，显示对指令已经接受。

2. 安保意图下发

（1）权限设置

允许使用人员对自己的文档设置共享权限。共享设置包括指定是否共享，以及共享给哪些组织机构或用户。

（2）安保方案反馈建议

对于每个作战意图，可以给文档留下反馈评论，可借用全局人员指挥经验并与作者和其他用户一起互相交流。

15.4.3.2　任务调度

1. 系统调度—对接指令流转系统

搭建指令信息流转模块，通过与现有指令信息流转系统对接，提供活动安保指令在公安网的信息流转，可实现签收、反馈以及指令下发状态展示，并可导出事件处置的全流程，形成专题汇报材料。

（1）指令生成

根据安保方案设置情况，自动加载对应指令涉及人员、任务信息，并按对应的组织机构模板自动生成指令号，指令号不允许重复出现。指令类型包含事件处置、领导批示、约稿、其他等。

主送单位和抄送单位自动带入到指令内容的抬头中。相关组织机构／人员／分组的选择，可在指令页面进行查找和点击选择。

（2）指令下发反馈

通过与指令流转系统的对接，一键下发指令功能，结合指令流转系统通知通告功能，通知通告在发布后会立即发送到其他的指挥调度平台和人员的移动终端上，并会以声音、颜色等方式提示用户查看指令。通知通告发布可以发送文字、图片等。

指令下发后，所有接受单位都将有指令回复单，显示对指令已经接受。

（3）生成专题汇报材料

在任务完成归档后，可以在统计查询中对所有的指挥过程进行分析统计，统计分析的结果会以报表的形式展现，结果可以导出保存。处置报告可以 Word 格式进行导出。

2. 融合通信调度

通过接口的形式，与报警系统、集群调度系统、会议系统等系统全连接，实现统一指挥，联合行动，为市民提供相应的紧急救援服务，为城市的公共安全提供强有力的保障系统，大力加强各人员单位之间的配合与协调，从而对特殊、突发、应急和重要事件做出有序、快速而高效的反应。

语音融合指挥系统集成语音调度手段，包括数字集群通信（模拟、数字），卫星电话，固定电话，移动电话，IP 电话等，采取综合通信平台和网关汇聚到指挥中心调度台上，实现调度台对任意语音终端的一键式调度。

3. APP 调度

移动指挥 APP 实现包含语音、图片、视频、文字的各类指令的完整流转，集成移动警务平台，实现 APP 互通，通过指令下达、信息反馈、融合通信对讲、电话通信等方式实现指挥调度的及时有效。

（1）指令列表

显示当前民警收到的指令信息，按最近接收时间优先顺序进行排序，方便民警快速定位到需要处置的指令。指令类型按照处置情况可分为未处置、处置中及已结案三类。

（2）指令详情

处警单详情界面显示事件来源、事件信息、系统信息三部分。其中，事件来源信息包括来源类、来源单位、来源人员、联系电话、来源事件等；事件信息包括事件标题、事件编号、事件类型、关键词、事发事件、事发地址等信息；系统信息包括所属部分、修改事件等信息。

（3）指令信息

指令信息将所有的指挥动作记录下来，包括处置流程中的每个操作步骤，调用视频资源、通话、发送信息等，让指挥调度人员一目了然地看清所有的处置流程、操作顺序；所有的记录都可以查询、回放，也可以在过程记录的树上进行回放；全部的流程信息会以Word的形式导出，方便备份存档等。

15.4.3.3　一键快速查询图层资源

任务执行环节中，可选取预设的各类方案，并可一键快速查询各类资源图层，如公安机关、卡口、医院、教育机构、加油站、标准地址等基础图层，另外通过与案件系统对接，叠加专题高发案件图层，如两抢、三盗一诈骗或黄赌毒等专题案件分析图层。安保或警卫任务中可有效避开风险环节或有针对性进行打防管控。

15.4.3.4　图上作战

能选取调用制作的方案，展示方案中标注的目标场所、行进路线、周边视频资源等极大提升事件处置和安保活动的直观展示功能，真正体现指挥调度"一张图"服务实战的实际应用价值。

15.4.3.5　人员到岗到位监控

通过对报备人员等具备定位功能的各类定位设备（含GPS、北斗）位置信息的掌握和应用，辅助监控任务人员的到岗到位工作。

通过对任务人员实时位置信息，在PGIS地图展示区域，实现人员在地图上的实时位置展现，同时可根据任务人员与选定位置或区域的关联，实现对人员到岗到位的监控，对于选中的人员可查看其报备信息及任务要求。

提供人员到岗到位统计，对未到位人员以列表的方式进行报警提示，支持列表中人员与PGIS地图上对应人员的地图联动。

15.4.3.6　人员（车辆）轨迹展示及回放

开发用于轨迹展现的可视化接口，可实现图层查询及轨迹分析展现服务。服务还支持用户将上传的带空间坐标的数据按时间顺序直观地将人、物的轨迹在地图上可视化展示。系统通过实时连接人员移动终端、车辆等卫星实时定位消息，展示当前实时运行轨迹以及回放一定时间段内的轨迹。

1. 车辆实时轨迹展示

在活动安保模块中对要展示的车辆定位终端进行定位，展示车辆定位信息以及车辆轨迹信息，并能够记录车辆的实时运行轨迹，以供后期查询和回放。

2. 车辆轨迹回放

系统支持对指定的终端人员的历史轨迹回放。通过记录终端的历史位置，实现终端的运行轨迹回放：用户可以选择终端用户，并指定起始时间和终止时间以及回放速度，查看该终端用户的历史轨迹。

15.4.3.7　视频随动现场态势可视化

与图综平台无缝对接，优化视频展示功能，通过视频随动功能实现在大型活动举办的过程中，对车队进行视频跟踪的目的。根据车辆行驶位置，可打开车辆周边视频进行视频跟踪，以确保现场实时状况能够及时返回到指挥中心。

指挥中心可以指定一辆车辆为目标，随着车辆的移动位置信息，系统自动分析出车

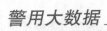
辆周边100米范围内所有的视频监控点，并自动触发显示车辆最近的1路、4路视频图像。也可实现车载4G图传设备和单兵图传设备接入及回放功能，丰富指挥人员对警情展开研判必备资源。

15.4.3.8　区域周边热力分析展示

通过对接相关系统，对安保场馆、路线、驻地周边指定图层数据进行分析，实现在安保区域分析聚集密度的目的，以热力图等方式进行展示。

15.4.3.9　大数据分析展现

对接本地大数据应用中心，利用大数据挖掘分析能力，将数据分析研判结果在图上可视化展示。

大数据分析展现模块是在传统可视化技术的基础上，为了提升数据呈现的高效性、敏捷性，以及海量复杂数据的可视化而研究的新技术，其主要体现在以下几个方面。

1. 流程引擎驱动的自动化敏捷建模

自动化建模让用户免去手动建模的过程。平台通过变换数据、拆分数据、重新组合数据等方式形成适合分布式数据仓库存储的新数据格式，并将这些数据存储于分布式数据仓库中。这样做的好处是用户不必具有专业的数据仓库领域的知识，平台帮助用户优化上传的数据，使用户不必关注数据架构，而是专注于对这些数据的分析之上。平台基于流程引擎来完成上述自动化敏捷建模的工作，流程引擎提供数据变换、数据拆分、数据重组、数据挖掘等组件，通过设立工作流来建立对不同数据的优化流程模板，平台管理员可以通过拖拽组件和配置组件等敏捷方式来更改这些流程以达到流程深度定制化的目的，用户则不必关注这些流程，上传数据后，数据自动匹配对应模板，完成数据快速上传、优化与建模。

2. 复杂非结构化数据的深度可视化建模

对于复杂的非结构化数据（文本、网页新闻、图片、音频、视频等），基于主流的深度学习框架如 Caffe、TensorFlow 等，提供 CNN、RNN 等深度学习算法的 GUI，自动对非结构化数据进行特征提取，包括文本的分词和图片的关键信息提取，从而建立深度学习模型，实现对非结构化数据的可视化分析。

3. 行业领域相关的敏捷可视化分析

利用 HyperLogLog 算法在低内存占用的条件下，快速准确地统计各个字段的基数，同时结合智能分类算法，实现维度与指标的智能区分，实现多维分析智能建模。利用自然语言处理、知识图谱技术，实现大数据分析展现模块的人机交互功能，使平台具备基于自然语言的搜索功能，解决平台功能查找烦琐的问题。通过可拖拽式的数据挖掘算子，构建数据挖掘工作流，得到数据挖掘分析结果，将生成的结果送入仪表盘，实现挖掘结果的解释洞察。

4. 智能数据挖掘分析

大数据分析展现模块需要实现自动查找、可视化展现和文字表述关键信息功能，无须用户自己构建模型或编写算法，平台可自动处理应用户相关数据中的相关性、异常、关联和预测。同时用户可通过拖拽式操作、自然语言搜索来组装算子，用以探索数据、挖掘数据、分析数据，而平台的互动视觉探索式仪表盘可以全方位地提供挖掘分析结果的解释洞察。

5. 海量可视化组件支持

大数据分析展现模块提供丰富多样的可视化组件，用户可根据应用需要选择合适的组件，提供形式多样的可视化效果。

在系统功能设计上，大数据分析展现模块可以支持对警情、人员等数据在时间、空间等维度上的各类分析操作，为公安业务的开展研判提供多样化的支撑服务。

15.4.3.10　安保全流程记录

活动安保结束以后，可对任务执行过程进行回顾，根据任务期间的现场流量数据、人员部署、现场发生同类的警情/事件进行对比，实现"一警一档"的数据多维度立体分析，辅助评估各个方案的合理性和不足之处，帮助修正对应方案，实现安保方案的完善。

15.4.4　事件复盘模块要求

15.4.4.1　多场景对比展示

可将安保各场景、各个环节在同一页面内进行对比，对安保活动整体分析提供技术支持。

15.4.4.2　任务执行与方案情况对比

通过安保任务下发，与移动警务报备情况进行比对，查看安保任务人员上岗及执行情况，为后续绩效考评、人员工作考核提供参考。

1. 人员分析

人员分析展示了该单位（亦可包含下级单位）人员在安保任务中统计信息，支持选择日常、警种类型查询。

以柱状图表展示民警和协警数量，以及各时段（每小时）的民警数和协警数。

以表格形式展示单位全天报备的人员类型、数量，以及全天各时段（每小时）的民警数和协警数，同时支持Excel文件导出。

2. 车辆分析

车辆分析展示各单位在安保任务中（亦可包含下级单位）的车辆统计信息，支持选择日期、警种类型、车辆类型查询。展示当日的警车数、当前时刻的警车数、全天警车数量的峰值和谷值。

以柱状图表展示各类警车数量，以及全天各时段（每小时）的各类型警车数。

以表格形式展示单位全天报备的各类型警车数据，以及全天各时段（每小时）的各类型警车数量，同时支持Excel文件导出。

3. 勤务类型分析

勤务类型分析展示了该单位（亦可包含下级单位）安保任务当日报备的总民警人次数、总协警人次数、总警车车次数，当前时刻的民警人次数、协警人次数、警车车次数。同时展示单位全天民警人次数、协警人次数、警车车次数的峰值和谷值。支持选择日期统计。

以柱状图表形式展示各报备类型中的民警数、协警数和警车数。

以表格形式展示各报备类型中的民警数、协警数和警车数，同时支持Excel文件导出。

4. 对比分析

对比分析展示了各单位（亦可包含下级单位）当日报备的在岗民警数、协警数、警车数，全天民警数、协警数、警车数的峰值和谷值。

以曲线图表形式展示了全天民警、协警、警车的趋势走向，以表格形式展示全天各时段（每小时）的各民警数、协警数、警车数，同时支持Excel文件导出。

对比分析支持按照勤务类型、巡区类型、巡逻区域、特殊事件、时间等信息关键字查询。

第16章

实时消息信号接入通用技术介绍

16.1 范围

本文档适用范围为需求人员、设计人员、开发人员、测试人员、最终用户等。

16.2 概述

实时消息是通过对警车、上网本、移动警务、社会车辆等具备定位功能的各类定位设备（含 GPS、北斗）位置信息的掌握和应用，辅助公安指挥调度、值班备勤、治安管理等工作。通过统一的设备登记管理和消息接口，对每类定位设备实现统一接入管理，对不同定位设备实时消息和实时消息的分发进行管理。系统需实现定位设备监控、设备监控及实时轨迹、周边警力查询及呼叫调度、越界越线报警、轨迹回放、统计考核等功能。同时，实时消息作为资源共享的重要应用之一，建成后对外提供接口 API 和示例 DEMO，以便于进行二次开发和个性化定制。

16.3 系统架构和功能组成

16.3.1 总体框架

实时消息业务系统在公安网内运行，主要实现与北斗定位平台、移动警务平台及其他定位设备应用平台对接，满足各业务警种基于定位报文数据的解析、转发、处理、存储、分析、服务、统计、展现等各需求。它主要包括定位设备监控、设备监控及实时轨迹、三库数据空间查询、越界越线报警、轨迹回放、统计考核等内容，并利用 PGIS 地图可视化技术面向全警应用。图 16-3-1 所示为实时消息应用所在的平台软件体系结构图，图 16-3-2 所示为应用的业务逻辑图。

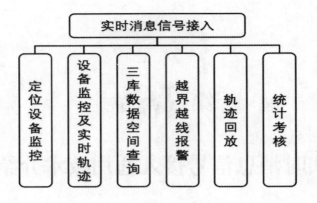

图 16-3-1　总体框架

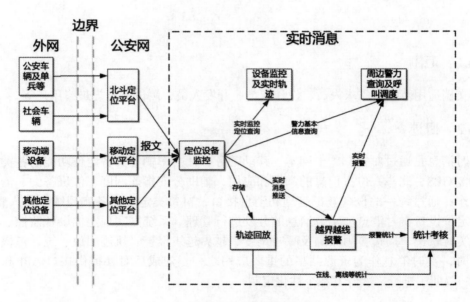

图 16-3-2　业务逻辑

16.3.2　系统功能

系统需实现设备注册管理、报文信息解析、图上监控操作及展示、实时轨迹展示、GPS 定位设备监控（警力）、三库数据查询、周边警力查询、最短路径规划、350M 呼叫、基本规则编制修改维护、越界越线报警、巡逻超时报警、后台实时预警、报警展示、车辆选择功能、车辆轨迹动画播放及控制、在线时长统计、违规次数统计、日志记录及报表打印功能。

实时消息产品完整的总体功能列表见表 16-3-1 所列。

表 16-3-1　实时消息产品完整的总体功能列表示例

	功能模块	功能大类	功能描述
1	定位设备监控	设备注册管理	包括各类设备信息注册管理、设备归属管理调配功能
2		报文信息解析功能	包括报文接收、报文解析、报文入库功能
3	设备监控及实时轨迹	图上监控操作及展示功能	包括按设备呼号监控、当前正在监控的设备配置功能
4		实时轨迹展示功能	包括重点监控设备功能、按设备呼号展示实时轨迹、按设备车牌号显示实时轨迹功能
5	周边警力查询及呼叫调度	三库数据空间查询功能	包括地图上圆形选择查询功能、矩形选择查询功能、多边形选择查询功能
6		周边警力查询	在地图上绘制点、线后，查询周边一定范围内的在线定位警力
7		最短路径规划	包括距离计算功能、路径统计功能、路径显示功能
8		350M 呼叫功能	包括设备呼号查询组件、对警力设备呼叫功能
9	越界越线报警	设备规则编制修改维护功能	包括查询设备列表、设备规则查看功能、设备规则编辑功能、设备规则修改功能
10		GPS 设备定位	包括 GPS 设备位置定位、GPS 设备路线查询功能
11		后台实时预警功能	包括设备与巡视路线比对功能、超时报警、GPS 设备报警记录查询组件、列表展示
12		报警展示功能	以列表方式展示报警车辆列表
13		预警信息短消息通知功能	针对规则关联的定位设备，当设备触发报警规则后，系统自动将预警信息发送至指定用户电话
14	轨迹回放	车辆选择功能	包括按呼号选择、按车牌号选择功能
15		车辆轨迹动画播放及控制功能	包括播放速率设置功能、播放进度调控功能
16	统计考核	统计在线时长统计功能	包括统计类别选择、设备在线时长查询、动态展示功能
17		违规次数统计功能	包括违规次数查询、页面统计功能
18		日志记录及报表打印功能	包括后台日志记录、报表打印功能

16.4 功能要求（如图16-4-1所示）

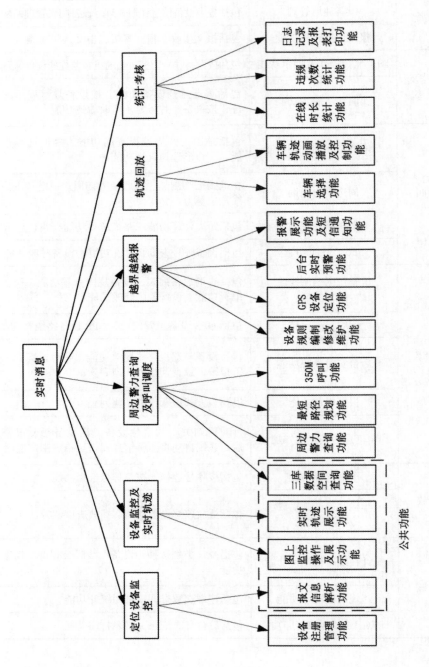

图16-4-1 功能结构图

功能总体需求包括系统需实现设备注册管理功能、报文信息解析功能、图上监控及展示功能、实时轨迹展示功能、三库数据空间查询功能、周边警力查询功能、最短路径规划功能、基本规则编制修改维护功能、GPS 设备定位功能、后台实时预警功能、报警展示功能、车辆选择功能、车辆轨迹动画播放及控制功能、在线时长统计功能、违规次数统计功能、日志记录及报表打印功能。

其通用功能如下。

（1）地图操作菜单区域，包括测距、测面积、放大、缩小、漫游等。

（2）地图界面及叠加分析区域，包括设备当前实时状态叠加显示、轨迹分析显示、最短路径展示等。

16.4.1　定位设备监控

对注册的定位设备通过关键字、所属机构、设备名称进行检索，编组查询、关联查询、周边查询、空间查询等多种方式进行查询并在电子地图上进行展示。定位设备监控可将自身的业务功能实现发布为服务，供其他应用调用。

16.4.1.1　名称查询

根据输入的定位设备名称查询出定位信息，并将查询出的结果以不同颜色显示在线情况、离线情况，同时将数据直接显示到地图上。

16.4.1.2　机构查询

选择组织机构快速查询该组织机构下的定位设备信息，并将查询出的结果以不同颜色图标显示在线情况、离线情况，同时将数据直接显示到地图上。

16.4.1.3　周边查询

根据地图上的指定位置，查询出指定周边距离的其他在线定位信息，将查询出的结果以不同颜色显示在线情况、离线情况，同时将数据直接显示到地图上。

16.4.1.4　空间查询

支持拉框、画圆分析出该空间范围内的定位设备信息，将查询出的结果以不同颜色显示在线情况、待命情况，同时将数据直接显示到地图上。

16.4.1.5　设备注册管理

对本地设备信息进行注册、注销、维护管理，省市（州）两级设备信息在管理本级时，将设备信息上传至省级统一的设备信息库中，并可查看全省的设备信息，以及设备的在线和待命状态。

16.4.1.6　报文信息解析

与北斗平台对接，根据实时消息对接协议，对北斗平台推送的报文进行接收，通过报文解析实现报文的翻译、入库和系统前端展示。

16.4.2　设备监控及实时轨迹

设备监控及实时轨迹可将自身的业务功能实现发布为服务，供其他应用调用。

16.4.2.1　图上监控操作及展示

通过对实时报文信息解析，在 PGIS 地图展示区域，实现定位设备在地图上的实时位置展现，同时可根据设备呼号进行监控，对当前正在监控的设备进行配置。

（1）监控设备选择。通过勾选组织机构复选框，即可将机构下的设备设置为监控状态；另外可根据输入的设备呼号，查询并实现设备监控。

（2）定位设备定位图上展示。在电子地图上展示定位设备为监控状态的实时位置信息。

（3）做好当前正在监控的设备配置工作。

（4）针对当前正在监控的设备，可配置其是否显示轨迹线、轨迹点。

16.4.2.2　实时轨迹展示

通过设置监控模块，对设备显示信息进行设置，包括重点监控设备功能、按设备呼号展示轨迹、按设备车牌号显示轨迹功能。

1. 监控设备设置

对当前监控车辆是否显示离线车辆进行设置。

2. 人员设备定位实时监控

通过在监控设备设置，在电子地图上查看设备的实时监控信息及实时轨迹线、轨迹点信息定位实时监控。

3. 周边人员查询及呼叫调度

周边人员查询及呼叫调度可将自身的业务功能实现发布为服务，供其他应用调用。

16.4.3　三库数据空间查询

通过圆选、矩形、多边形等图上空间查询方式，实现对 PGIS 空间数据的查询并在地图上定位展示。

16.4.3.1　周边人员查询

在地图上绘制点、线后，查询周边一定范围内的在线定位设备。

16.4.3.2　最短路径规划

选定地图上某一定位设备，通过在地图上点击目标地点，系统计算目的地最短路径，并在地图上显示路线。

16.4.3.3　350M 呼叫功能

选中图上定位设备，在弹出气泡框界面，点击"呼叫"按钮后，建立连接实现语音通话。

16.4.4　越界越线报警

越界越线报警可将自身的业务功能实现发布为服务，供其他应用调用。

16.4.4.1　设备规则编制修改维护

制定越界、越线、长时间停留三类基础报警规则，以此为标准进行定位设备报警预警设置。

1. 巡区管理

可通过用户采集、数据库引入区域两种方式编制巡线和巡区，根据这些巡线和巡区，进一步进行要素关联、设备关联。

2. 规则管理

包括规则名称、规则开始日期、规则结束日期、规则描述信息、违规报警短信通知人员等内容的增加、删除、修改管理。

3. 要素管理

包括要素名称、报警类型、阀值、规则开始时间、要素结束时间等内容的增加、删除、修改管理。

16.4.4.2 后台实时预警

报警提醒是对越界越线、超时、特定区域设备报警信息进行实时报警展示、历史报警信息查询。

1. 实时报警记录

定位设备发生违规时，系统自动将违规信息记录。

2. 历史报警查询

对定位设备的历史报警信息进行查询，以列表的方式展示查询出的报警设备信息。展示报警设备信息包括设备编号、设备名称（警员姓名）、报警时间、报警类型、所属单位等。

3. 超时报警

对定位设备在线时间、离线时间超过规定时间进行报警，报警信息自动在设备监控页面通知栏滚动提示，点击后进入报警列表查看详细报警内容。

4. 越界越线报警

警力定位设备超出制定的巡逻区域时，报警信息自动在设备监控页面通知栏滚动提示，点击后进入报警列表查看详细报警内容。

16.4.4.3 特定区域报警

对定位设备在特定区域停靠时间过长报警，报警信息自动在设备监控页面通知栏滚动提示，点击后进入报警列表查看详细报警内容。

16.4.4.4 报警展示

在设备监控页面上方，设置报警显示提示栏，若出现车辆违规报警，则进行声光提示，点击后进入报警列表查看详细报警内容。

定位设备违规报警以列表方式展示，展示信息包括定位编号、车牌号（警员姓名）、呼号、报警规则、报警时间信息、选择列表中单个车辆，以及将该车辆的报警信息在图上定位展现。

16.4.4.5 报警短消息通知

规则关联设备后，当设备触发规则报警时，系统自动将预警信息发送至预先设定的手机号码上，制定规则的用户可控制是否发送短信。

16.4.4.6 GPS 设备定位

通过设备监控，实现 GPS 设备位置定位功能，通过轨迹回放，实现 GPS 设备路线查询功能。

16.4.5 轨迹回放

轨迹回放可将自身的业务功能实现发布为服务，供其他应用调用。

16.4.5.1 车辆选择

通过对定位设备（车辆）车牌号码、设备编号、呼号的查询，选择出需要进行轨迹回放的定位设备（车辆）。

16.4.5.2 车辆轨迹动画播放及控制

1. 轨迹播放控制

轨迹播放控制包括选择播放轨迹设备、选择日期、设置播放进度、暂停停止等控制播放功能。

2. 轨迹播放展示

选定设备的轨迹回放，模拟车辆起止时间从起点到终点的运动轨迹。

16.4.6 统计考核

统计考核可将自身的业务功能实现发布为服务，供其他应用调用。

16.4.6.1 在线时长统计

定位设备的在线时长统计，包括定位设备的在线总时长、最长在线时长、最短在线时长、平均在线时长等。

16.4.6.2 违规次数统计

对设备违规情况实时统计查看，统计设备各类违规的次数、违规时间等。

16.4.6.3 离线时长统计

定位设备的离线时长统计，包括定位设备的离线总时长、最长离线时长、最短离线时长、平均离线时长等。

16.4.6.4 日志记录及报表打印

系统通过调用日志记录接口，将系统操作相关的日志信息进行记录。根据统计考核数据，生成业务工作所需的业务系统报表，报表可导出为 Excel 文件，最多支持 2000 条数据。

16.5 接口及接入说明

16.5.1 公安应用接口

16.5.1.1 与 PGIS 应用服务平台的接口

很多单位经过多年的建设，不止有一套定位系统，整合各类定位系统，将不同定位类型的设备接入到实时消息系统，完成定位设备数据包的实时反馈。

16.5.1.2 与指挥调度平台接口

与指挥调度平台对接，为指挥调度平台提供定位设备实时消息服务，实现设备实时定位及 350M 呼叫，指挥调度平台为 PGIS 平台提供警力报备查询接口，实现警力信息数据对接。

16.5.2　实时信号接入说明

16.5.2.1　定位设备详细信息
1. 警用定位设备（见表16-5-1）

表16-5-1　警用定位设备示例

序号	详细信息项	详细信息项说明	说明
1	设备编号	设备自身编号，用于信号接入	
2	设备信号接入类型	定位设备信号接入类型	见表16-5-3定位信号接入类型代码表
3	所属单位	设备所属单位	
4	所属单位组织机构代码	设备所属单位组织机构代码	
5	设备业务类型	定位设备业务类型	见下表16-5-4定位设备业务属性分类代码表
6	设备名称	设备名称，车辆即车牌号，单兵为使用者姓名	
7	备注		

2. 社会定位信号（见表16-5-2）

表16-5-2　社会定位信号示例

序号	详细信息项	详细信息项说明	说明
1	设备编号	设备自身编号，用于信号接入	
2	设备信号接入类型	定位设备信号接入类型	
3	所属单位	设备所属单位	非必填
4	设备业务类型	定位设备业务类型	见表16-5-4定位设备业务属性分类
5	设备名称	设备为车辆时，为车辆车牌；若为非机动车，可用使用者姓名或其他中文描述	非必填
6	责任人身份证号码	设备安全责任人身份证号码	
7	责任人姓名	责任人姓名	
8	责任人电话	责任人电话号码（11位）	
9	设备所有人姓名	设备所有人或单位	非必填
10	设备所有人电话	设备所有人或单位联系电话	非必填
11	应急联系人姓名	设备应急联系人姓名	非必填

序号	详细信息项	详细信息项说明	说明
12	应急联系人手机号码	应急联系人手机号码	非必填
13	业务所属公安管辖第一责任单位名称	社会车辆业务所属公安管辖的第一责任单位	例如：危爆品运输车公安管辖责任单位分别为治安部门和交警部门
14	业务所属公安管辖第一责任单位代码	社会车辆业务所属公安管辖的第一责任单位组织机构代码	
15	业务所属公安管辖第二责任单位名称	社会车辆业务所属公安管辖的第二责任单位	
16	业务所属公安管辖第二责任单位代码	社会车辆业务所属公安管辖的第二责任单位组织机构代码	
17	备注		

3.定位信号接入类型代码表（见表16-5-3）

表16-5-3 定位信号接入类型代码表示例

序号	定位信号接入类型	编码
1	北斗	1
2	GPS	2
3	北斗、GPS双模	3

4.定位设备业务属性分类代码表（见表16-5-4）

表16-5-4 定位设备业务属性分类代码表示例

分类	设备属性		设备业务类型	编码
警用定位（1）	车辆（1）	指挥	指挥制式警车	1101
			指挥公务车辆	1102
		巡警	巡警制式警车	1103
			巡警公务车辆	1104
		派出所	派出所制式警车	1105
			派出所公务车辆	1106
		交警	交警制式警车	1107
			交警公务车辆	1108
		特警	特警制式警车	1109
			特警装甲警车	1110
			特警公务车辆	1111

续表

分类	设备属性		设备业务类型	编码
警用定位 （1）	车辆（1）	治安	治安制式警车	1112
			治安公务车辆	1113
		禁毒	禁毒制式警车	1114
			禁毒公务车辆	1115
		经侦	经侦制式警车	1116
			经侦公务车辆	1117
		刑侦	刑侦制式警车	1118
			刑侦公务车辆	1119
		武警	武警制式车辆	1120
			武警装甲车辆	1121
			武警公务车辆	1122
		信通	信通公务车辆	1123
			动中通	1124
			静中通	1125
			其他通信车辆	1126
		消防	消防作战车辆	1127
			消防指挥车辆	1128
			消防其他车辆	1129
		警务	警务大巴制式警车	1130
		其他	其他车辆	1199
	摩托（2）		巡警摩托	1201
			交警摩托	1202
			特警摩托	1203
			反恐摩托	1204
			武警摩托	1205
			派出所摩托	1206
			其他	1299
	单兵（3）		巡警单兵	1301
			交警单兵	1302
			通信单兵	1303
			图传单兵	1304
			派出所单兵	1305
			其他	1399

分类	设备属性	设备业务类型	编码
警用定位（1）	其他定位设备（4）	350M 对讲机	1401
		800M 对讲机	1402
		手持对讲（如电信 QCHAT）	1403
		执法仪	1404
		其他	1499
	警用航空(5)	无人机	1501
		直升机	1502
		其他	1599
社会定位（2）	救护（1）	120 救护车	2101
	抢险车（2）	抢险车	2201
	运输（3）	出租车	2301
		公交车	2302
		押运车	2303
		客运车辆	2304
		危爆物品运输车	2305
		网络专车(如滴滴、UBER)	2306
	校车（4）	校车	2401
	非机动车（5）	电瓶车、摩托车、自行车	2501
	其他（6）	其他车辆	2601

16.5.2.2 协议报文格式

1. 通信数据包定义

以下通信数据包体结构对"TCP"和"UDP"方式都通用，见表16-5-5所列。

表16-5-5 通信数据包体结构示例

数据头				数据体
标志头	命令标志	版本号	包体大小	数据内容
2Byte	2Byte	2Byte	4Byte	nByte

其中，包体长度只包括"数据体长度"，不包括"包头"和"包尾"部分。

2. 数据包头定义格式（见表16-5-6）

表16-5-6 数据包头定义格式示例

参数描述	大小	类型	值	说明
标志头	2	Unsigned Short	0xAAAA	报文头标志
命令字	2		0xBBBB	登录系统命令字
命令字	2		0xBBCC	登录应答命令字
命令字	2		0xCCCC	定位数据命令字
命令字	2		0xEEEE	心跳检测命令字
命令字	2		0xFFFF	断开连接命令字
命令字	2		0xDDDD	报警或自定义消息
版本号	2	Unsigned Short	0x0200	第一个字节0x02表示协议版本
包体大小	4	Int	可变	网络字节序

3. 登录包体定义（见表16-5-7）

该接口只用于TCP接入方式。

表16-5-7 登录包体示例

命令字（CommandID）			
协议包长度（字节）			
包体（BODY）			
字段名称	字节大小	类型	备注
认证编码	50	Char	实际长度不足50字节时,右补二进制0

4. 登录应答包体（见表16-5-8）

该接口只用于TCP接入方式。

表16-5-8 登录应答包体示例

命令字(CommandID)			0xBBCC
协议包长度(字节)			52
包体（BODY）			
字段名称	字节大小	类型	备注
认证结果	2	Unsigned Short	0x0001：登录成功
			0x0000：登录失败
描述	50	Char	登录描述信息

5. 心跳检测包体

该接口只用于TCP接入方式，见表16-5-9所列。

表 16-5-9　心跳检测包体示例

命令字（CommandID）		0xEEEE	
协议包长度（字节）		0	
包体（BODY）			
字段名称	字节大小	类型	备注
—	—	—	仅适用 TCP

6. 断开连接包体

该接口只用于 TCP 接入方式，见表 16-5-10 所列。

表 16-5-10　断开连接包体示例

命令字（CommandID）		0xFFFF	
协议包长度（字节）		0	
包体（BODY）			
字段名称	字节大小	类型	备注
—	—	—	仅适用 TCP

7. 定位消息包体

该接口 TCP 和 UDP 通用，见表 16-5-11 所列。

表 16-5-11　定位消息包体示例

命令字（CommandID）			0xCCCC
协议包长度（字节）			51 + N
包体（BODY）			
字段名称	字节大小	类型	备注
终端编号	20	Char	实际长度不足 20 字节时，右补二进制 0
经度	8	Double	例：119.12313
纬度	8	Double	例：34.232443
速度	2	Unsigned	单位：米/秒
方向	2	Unsigned	以正北方向为 0 角度，顺时针方向偏转
高程	2	Unsigned Short	单位：米
精度	2	Unsigned Short	0xFFFF：无效定位 无此项值设置为：0x0000 填充，否则按正常精度值填充 单位：米
时间	年	2	Unsigned Short	—
	月	1	Byte	—
	日	1	Byte	—
	时	1	Byte	—
	分	1	Byte	—
	秒	1	Byte	—
备用字段	n < 1024	Char	该项非必须，如果没有该字段内容，则包体长度不计算该部分

8. 类型说明（见表 16-5-12）

表 16-5-12 类型说明

类型	类型说明
Double	8 字节双精度型
Int	4 字节整型
Unsigned Short	无符号 2 字节整型
Byte	单字节整型
Char	单字节字符型

9. 以 UDP 协议进行消息接入示例代码

功能：向服务器发送定位报文数据。

入口参数：无。

出口参数：

```
Void SendData()
{
TGpsFram *pGpsFram = new TGpsFram; memset(pGpsFram, 0, sizeof(TGpsFram));
pGpsFram->Head.wHeader = 0xAA; pGpsFram->Head.cmdFlag = 0xCC; long gpsid =
123456;
    char buf[6] = {0,0,0,0,0,0};
    int index=5; do
    {
int val = gpsid % 100; gpsid = gpsid / 100; buf[index--] = val;
    }
while(gpsid > 0);
memcpy(pGpsFram->GpsData.GpsId, buf, 6); int dir = rand()%100;
    pGpsFram->GpsData.lon = lon; pGpsFram->GpsData.lat = lat; pGpsFram->GpsData.
speed = 10;
    pGpsFram->GpsData.nMsgtype = 1; pGpsFram->GpsData.dir = dir; pGpsFram->GpsDa-
ta.state = 6;
    t1.SetDateTime(t.GetCurrentTime().GetYear(), t.GetCurrentTime().GetMonth(), t.Get-
CurrentTime().GetDay(),
    t.GetCurrentTime().GetHour(), t.GetCurrentTime().GetMinute(), t.GetCurrentTime().
GetSecond()); pGpsFram->GpsData.time = t1.m_dt; CSocket s;
    if(!s.Create(AF_INET, SOCK_DGRAM, 0))
    {s.Close();
    }
    s.SendTo(pGpsFram, sizeof(TGpsFram), (unsigned int)g_HisPort, g_HisServer, 0);
```

```
        s.Close();
    }
```

16.5.3　北斗卫星定位系统平台数据交换

16.5.3.1　终端定位信息数据体规定，见表 16-5-13 所列。

表 16-5-13　终端定位信息数据体示例

字段名	字节数	类型	描述及要求
DataSource	1	BYTE	数据来源：00：GPRS 01：卫星链路
ENCRYPT	1	BYTE	该字段标识传输的定位信息是否使用国家测绘局批准的地图 保密插件进行加密 加密标识：1—已加密，0—未加密
DATE	4	BYTES	日月年（dmyy），年的表示是先将年转换成 2 位十六进制数 如 2009 表示为 0x07 0xD9
TIME	3	BYTES	时分秒（hms）
LON	4	uint32_t	经度，单位为 1*10-6 度
LAT	4	uint32_t	纬度，单位为 1*10-6 度
VEC1	2	uint16_t	速度，指卫星定位车载终端设备上传的行车速度 信息，为必填项，单位为千米每小时（km/h）
VEC2	2	uint16_t	行驶记录速度，指车辆行驶记录设备上传的行车 速度信息，单位为千米每小时（km/h）
VEC3	4	uint32_t	车辆当前总里程数，指车辆上传的行车里程数 单位为千米（km）
DIRECTION	2	uint16_t	方向，0-359，单位为度（°），正北为 0，顺时针
ALTITUDE	2	uint16_t	海拔高度，单位为米（m）
STATE	4	uint32_t	警用终端状态，二进制表示 B31B30 B2B1B0，具体定义按照终端协议
ALARM	4	uint32_t	报警状态用二进制表示，0 表示正常，1 表示报警：B31B30B29.B2B1B0。具体定义按照终端协议

16.5.3.2　协议消息格式

1.消息说明

每条信息包含数据头和数据体两部分。数据流遵循大端（即高字节在前，低字节在后）排序方式的网络字节顺序。未使用的数据位皆填 0x00。

2. 数据类型

基本数据类型规定见表16-5-14所列。

表16-5-14　基本数据类型示例

time_t	64位无符号整型，8字节
BYTE	单字节
BYTES	多字节
Octet String	定长字符串，位数不足时，右补十六进制0x00，汉字采用GBK编码
uint16_t	16位无符号整型，2字节
uint32_t	32位无符号整型，4字节

3. 数据结构

在两个平台之间进行数据交换时，采用的数据结构规定见表16-5-15所列。

表16-5-15　数据结构示例

Head Flag	头标识
Message Header	数据头
Message Body	数据体
CRC Code	CRC校验码
End Flag	尾标识

4. 头标识

头标识为字符0x5b。

5. 尾标识

尾标识为字符0x5d。

数据内容进行转义判断，转义规则如下。

（1）若数据内容中有出现字符0x5b的，需替换为字符0x5a，紧跟字符0x01。

（2）若数据内容中有出现字符0x5a的，需替换为字符0x5a，紧跟字符0x02。

（3）若数据内容中有出现字符0x5d的，需替换为字符0x5e，紧跟字符0x01。

（4）若数据内容中有出现字符0x5e的，需替换为字符0x5e，紧跟字符0x02。

注：直接转义，超过字节限制不用管。包的长度字段值不变。

6. 数据头

在两个平台之间进行数据交换时，采用数据结构的数据头部分规定见表16-5-16所列。

表16-5-16　数据头格式

字段	类型	描述及要求
MSG_LENGTH	uint32_t	数据长度（包括头标识、数据头、数据体和尾标识）
MSG_SN	uint32_t	报文序列号a
MSG_ID	uint16_t	业务数据类型

续表

字段	类型	描述及要求
MSG_GNSSCENTERID	uint32_t	下级平台接入码，上级平台给下级平台分配的唯一标识号
VERSION_FLAG	BYTES	协议版本号标识，上下级平台之间采用的标准协议版本编号；长度为3 个字节来表示：0x010x020x0F表示的版本号是V1.2.15 依此类推
ENCRYPT_FLAG	BYTE	报文加密标识位b：0表示报文不加密，1表示报文加密
ENCRYPT_KEY	uint32_t	数据加密的密钥，长度为4个字节

a 占用四个字节，为发送信息的序列号，用于接收方检测是否有信息的丢失。上级平台和下级平台按自己发送数据包的个数计数，互不影响。程序开始运行时等于零，发送第一帧数据时开始计数，到最大数后自动归零

b 用来区分报文是否进行加密，如果标识为1，则说明对后续相应业务的数据体采用EN-CRYPT_KEY对应的密钥进行加密处理。如果标识为0，则说明不进行加密处理

7. 数据加密

数据传输中所采用的数据密钥格式规定见表16-5-17所列。

表16-5-17　数据密钥格式示例

字段	类型	描述及要求
ENCRYPT_KEY	uint32_t	数据加密的密钥，长度为4个字节

数据加密具体要求如下。

（1）加密只针对报文的数据体部分进行。密钥通过网络进行传输，不同的报文可采用不同的密钥进行加密。

（2）在数据包发送之前，将数据包内容与伪随机序列按字节进行异或运算。

（3）加密算法：用N模伪随机序列发生器产生伪随机字节序列。将待传输的数据与伪随机码按字节进行异或运算。

（4）不同的上下级平台之间，加密的算法是一致的，但是针对M1、IA1、IC1的不同，数据先经过加密而后解密。

加密算法如下。

```
 Const unsigned uint32_t M1 =A; Const unsigned uint32_t IA1 =B; Const unsigned
uint32_t IC1 =C;
    Void encrypt(uint32_t key, unsigned char* buffer, uint32_t size )
    {
    uint32_t idx = 0; if( key == 0 ) key =1;
    while( idx < size )
```

```
{key = IA1 * ( key % M1 ) + IC1;
buffer[idx++] ^= (unsigned char)((key>>20)&0xFF);
}}
```

8. 数据校验

从数据头到校验码前的 CRC16-CCITT 的校验值，遵循大端排序方式的规定。数据 CRC 校验码格式规定见表 16-5-18 所列。

表 16-5-18　校验码格式示例

字段	字节数	类型	描述及要求
CRC CODE	2	uint16_t	数据 CRC 校验码